Monika A. Pohl

Selbstfürsorge 4.0

Monika A. Pohl

Selbstfürsorge 4.0

Wer gut für sich selbst sorgt,
kann sein Bestes geben

Externe Links wurden bis zum Zeitpunkt der Drucklegung des Buches geprüft. Auf etwaige Änderungen zu einem späteren Zeitpunkt hat der Verlag keinen Einfluss. Eine Haftung des Verlags ist daher ausgeschlossen.

Bibliografische Information der Deutschen Nationalbibliothek

Die Deutsche Nationalbibliothek verzeichnet diese Publikation in der Deutschen Nationalbibliografie; detaillierte bibliografische Daten sind im Internet über http://dnb.d-nb.de abrufbar.

ISBN 978-3-86936-876-4

Lektorat: Friederike Moldenhauer, Hamburg| www.moldenhauer-text.de
Umschlaggestaltung: Martin Zech Design, Bremen | www.martinzech.de
Titelfoto: BlurryMe/Shutterstock
Autorenfoto: Christian Liepe
Satz und Layout: Lohse Design, Heppenheim | www.lohse-design.de
Druck und Bindung: Salzland Druck, Staßfurt

Printed in Germany

www.gabal-verlag.de
www.facebook.com/Gabalbuecher
www.twitter.com/gabalbuecher

Inhalt

Die **beste Zeit** unseres Lebens beginnt,

wenn wir uns **bewusst** dafür entscheiden,

glücklich zu sein

und gut für uns **selbst** zu sorgen.

Für meine Eltern
in Liebe und Dankbarkeit

Einladung

Die Arbeitswelt wird zunehmend digitaler, vernetzter und interdisziplinärer. Sie wird uns durch spannende Handlungsoptionen und Gestaltungschancen mehr denn je in unserer Selbstverantwortung herausfordern. Immer kürzer werdende Innovationszyklen setzen eine Bereitschaft zum lebenslangen Lernen voraus und in Zukunft wird Bildung noch vielschichtiger. Der aktuelle gesellschaftliche und kulturelle Wandel sowie die demografischen Veränderungen stellen sowohl die Unternehmen als auch die Beschäftigten vor neue, zunehmend steigende Herausforderungen. Um diese anzunehmen und souverän zu meistern, ist Selbstfürsorge die beste Vorsorge. Sie geht mit der Verantwortung für das eigne Wohlergehen einher und ist eine Notwendigkeit, die viele Menschen beim Abarbeiten ihrer To-do-Listen aus dem Fokus verlieren – sie finden sich früher oder später in einer Abwärtsspirale aus Überforderung, Frust und Erschöpfung wieder.

Den Fortschritt können wir nicht aufhalten, aber dem Wandel sind wir nicht machtlos ausgeliefert. Wir haben immer einen Gestaltungsspielraum. Oft ist er sogar größer, als wir es uns eingestehen. Es liegt an uns, die Arbeitswelt von morgen schon heute proaktiv zu gestalten und dabei den Menschen bewusst in den Mittelpunkt zu rücken, damit uns die Computer nicht den Rang ablaufen. Sorgen Sie also gut für sich, statt darauf zu warten, dass es andere für Sie tun. Dieser Ratgeber zeigt Ihnen, wie Sie in Zeiten des Umbruchs und der Transformation in die Zukunft investieren und dabei gesund, lebensfroh und glücklich bleiben.

Denn nur wer gut für sich selbst sorgt, kann sein Bestes geben und bei Bedarf auch anderen Unterstützung anbieten. So bleiben Sie langfristig auf Erfolgskurs, erleben sich als selbstbestimmt und Ihren Alltag als sinnstiftend und erfüllend.

Sie sind das wichtigste Projekt Ihres Lebens. Machen Sie was daraus!

Herzlichst
Monika A. Pohl

Neue Arbeitswelt erfordert neue Wege der Selbstfürsorge

Es gibt viele gute Gründe, warum Menschen sich aus dem Bett quälen, ins Auto oder in die Bahn setzen und zur Arbeit fahren. Die meisten von ihnen betrachten Arbeit, im Sinne einer Erwerbstätigkeit, als finanzielle Absicherung ihres Lebensunterhalts. Aber in Wirklichkeit ist Arbeit weit mehr als das, denn sie ermöglicht uns gesellschaftliche Teilhabe und gibt uns die Chance, unsere Fähigkeiten und Talente unter Beweis zu stellen. Sie bietet uns die Möglichkeit, in den Genuss des Erfolgs, der Anerkennung in einer Gemeinschaft und des Prestiges zu kommen. Arbeit gibt uns eine Identität und verleiht uns Würde, ganz gleich, welche Tätigkeit wir ausüben. Sie strukturiert unseren Alltag und schenkt uns das Gefühl, gebraucht zu werden. Wer hart arbeitet, genießt den Feierabend, schätzt das Wochenende und den Urlaub mehr. Ob aus Pflicht, Berufung oder Leidenschaft – Arbeit nimmt eine zentrale Rolle in unserem Leben ein.

Selbstfürsorge weiterdenken

. . . .

„Das Leben ist ein Fluss und alles verändert sich."

JACK KORNFIELD

. . . .

Wie genau die Arbeitswelt in der Zukunft aussehen wird, vermag noch keiner zu sagen. Doch die Prognose, dass in den nächsten 20 Jahren der Wandel wesentlich größer sein wird als in den letzten 100 Jahren, liegt nahe. Noch nie war Changemanagement so populär, dass eigens dafür Querdenker und Experten ins Boot geholt werden, um es vor dem Kentern zu schützen. Die Abläufe werden immer komplexer und das Tempo wird rasanter. Nur gut, dass Sie ernsthaft darüber nachdenken, Ihre Selbstfürsorge auf den Prüfstand zu stellen und den Wandel entsprechend zu justieren. Denn neben der Arbeit müssen wir auch diesen Aspekt weiterdenken.

Salutogenese statt Pathogenese

Salutogenese (lateinisch *salus*, Gesundheit und griechisch *genesis*, Entstehung) geht der Frage nach, wie Gesundheit entsteht, erhalten bleibt und gefördert werden kann. Anders als die Schulmedizin, die auf der Pathogenese basiert und den Ursachen einer Krankheit nachgeht, um diese zu bekämpfen und damit die Gesundheit wiederherzustellen, orientiert sich die Salutogenese an den Gesundheitszielen und erschließt mögliche Ressourcen.

Das Konzept der Salutogenese wurde in den 1980er-Jahren von dem israelisch-amerikanischen Medizinsoziologen Aaron Antonovsky (1923–1994) entwickelt. In seiner Forschung versuchte er zu verstehen, welche Faktoren Gesunderhaltung und Gesundung ermöglichen, selbst unter widrigen Verhältnissen und nach traumatischen Erlebnissen, wie etwa der Internierung im Konzentrationslager. Seitdem konnten zahlreiche Ergebnisse seiner Untersuchungen eindrücklich empirisch untermauert werden. Durch die ganzheitliche Ausrichtung vieler Therapie- und Coachingmaßnahmen der heutigen Zeit, nicht zuletzt der modernen Ordnungstherapie (Mind-Body-Medizin), hat sein Modell an Aktualität gewonnen.

Gesundheit ist ein fortwährender Prozess, der alle Dimensionen des Lebens miteinander verbindet

Salutogenese impliziert, dass Gesundheit kein Zustand ist, sondern ein fortwährender Prozess, der alle Dimensionen des Lebens miteinander verbindet. Dabei werden Gesundheit und Krankheit als zwei entgegengesetzte Pole statt sich ausschließende Gegensätze betrachtet, die Bestandteile eines multidimensionalen Kontinuums sind. Damit wird Krankheit nicht zu einem isolierbaren Ereignis, dem Ausfall eines Systems, sondern muss im geschicht-

lichen Gesamtkontext des Einzelnen betrachtet werden. Risikofaktoren wie z. B. Stress und Überforderung stehen in einer ständigen Wechselwirkung mit Schutzfaktoren. Diese kurbeln unsere
Selbstheilungskräfte an und sorgen für Stimmigkeit in einem aufeinander bezogenen System.

Den Mittelpunkt der Salutogenese bildet das Kohärenzgefühl
(sense of coherence). Es beinhaltet drei wesentliche Einflussfak-
toren:

1. die Fähigkeit, die Zusammenhänge des Lebens zu begreifen –
   Verstehbarkeit
2. die Überzeugung, das eigene Leben selbst beeinflussen und
   gestalten zu können – *Handhabbarkeit*
3. der Glaube an den Sinn des Lebens – *Sinnhaftigkeit*

Alle drei drücken dabei eine umfassende Orientierung aus, die
dem Individuum Vertrauen in seine eigenen Ressourcen gibt und
die Überzeugung stärkt, dass sich das Meistern einer Herausforderung lohnt. Antonovsky nach ist Gesundheit ein mehrdimensionales Geschehen, das sowohl von der Subjektivität der Person
als auch von den objektiven äußeren Faktoren beeinflusst wird.
Somit kann der Stress, je nach Charakter und der Art der Bewältigung, positive oder negative gesundheitliche Konsequenzen nach
sich ziehen und Widerstandsressourcen stärken oder schwächen.
Je mehr Ressourcen einer Person zur Verfügung stehen, desto größer ist ihre Widerstandskraft gegenüber den Stressoren. Gleichzeitig wird die Überzeugung gestärkt, dass das Leben im Wesent-
lichen überschaubar, handhabbar und sinnerfüllt ist.

Genau diese Herangehensweise ist der Schlüssel zu einer gesunden und motivierten Gesellschaft inmitten neuer Technologien
und Innovationen. Um die Veränderungen anzunehmen, sollten
wir ihnen zustimmend begegnen, sie zu unserem Vorteil nutzen
und offen für weitere Entwicklungen sein. Das stärkt vorhande-
ne Kompetenzen und Ressourcen, fördert Selbstwirksamkeit und
eine positive Geisteshaltung. Letztendlich führt es zu der Über-

Gesundheit als
mehrdimensionales
Geschehen

zeugung, dass alles, was passiert, eine Berechtigung und einen tieferen Sinn hat. Das heißt im Umkehrschluss nicht, dass wir alle Aspekte des Wandels gutheißen müssen – weit gefehlt. Es gibt viele Neuerungen, die wir kritisch hinterfragen und entsprechend unseren Möglichkeiten der Einflussnahme lenken sollten.

Unmut und Angst vor der Zukunft wirken sich dagegen nicht nur schädlich auf unser Gesundheitspotenzial aus, sondern lähmen uns auch und führen langfristig zu Hoffnungslosigkeit und Verzweiflung. Unsere Kraftquellen versiegen und wir brennen aus. Damit das nicht passiert, sorgen Sie rechtzeitig vor und führen Sie einen gesunden Lebensstil: Ernähren Sie sich vielseitig und vollwertig, sorgen Sie für ausreichend körperliche Aktivität und Zeiten der Entspannung. Bauen Sie sich ein stabiles soziales Netzwerk auf, auf das Sie sich in guten wie in schlechten Zeiten verlassen können. Und vergessen Sie nicht, sich regelmäßig auch Ihren Seelenimpulsen zuzuwenden, denn die sind es auch, die in Ihnen das Bewusstsein einer Stimmigkeit und Verbundenheit, eben jenes Kohärenzgefühl, wecken. Genau hier liegt die wesentliche Schnittstelle, die wir brauchen, um uns als eingebunden in den Gesamtkontext des Lebens zu erfahren und unseren Alltag, samt zahlreicher Veränderungsprozesse im beruflichen wie im privaten Umfeld, voller Zuversicht und Engagement zu meistern.

Betriebliche Gesundheitsförderung weitergedacht

Prävention und Gesundheitsförderung

In meinen Trainings und Coachings erlebe ich immer wieder, dass Teilnehmer verunsichert sind, weil sie nicht wissen, was sie in Zukunft beruflich erwartet. Werden meine Tätigkeit in absehbarer Zeit humanoide Roboter übernehmen, oder reichen mein Wissen und meine Fähigkeiten aus, um dagegenzuhalten? Da die Halbwertszeit neuer Technologien immer kürzer wird, reduziert sich gleichzeitig auch die Halbwertszeit unseres Wissens. Das heißt, dass neben der Notwendigkeit des lebenslangen Lernens auch der Druck wächst, den Anforderungen der digitalen Arbeitswelt zu genügen. Ich kann mich noch sehr gut daran erinnern, vor etwa zehn Jahren mit dem

Thema Soft Skills im Beruf gestartet zu sein, damals noch allseits belächelt. Mittlerweile sind Soft Skills in Form von achtsamer innerer Ausrichtung natürlich neben Hard Skills hinsichtlich fachlicher Kompetenz aus dem Berufsleben nicht mehr wegzudenken. Und das ist auch gut so. Hinter vorgehaltener Hand haben mir damals schon viele Führungskräfte recht gegeben, doch anscheinend war die Zeit dafür noch nicht reif. Jetzt, wo wir endlich erkannt haben, dass es auf die alte harte Tour nicht funktioniert, wenden wir uns auch weichen Themen wie Achtsamkeit, Empathie und Wertschätzung zu. Ich würde dabei noch weitergehen und behaupten, dass wir beides, sowohl Hard Skills als auch Soft Skills, unbedingt brauchen. Nach dem Prinzip der Polarität ergänzen diese beiden Aspekte einander und bilden so eine Ganzheit. Orientieren wir uns langfristig nur einseitig, wie wir das bisher getan haben, gerät das System aus den Fugen. Nicht ohne Grund nehmen Fehlzeiten aufgrund psychischer Erkrankungen rasant zu, gefährden Produktivität und Wertschöpfung der Unternehmen. Daher sind diese aufgefordert und gut beraten, ihre Mitarbeiter bei der Selbstfürsorge als entscheidenden Beitrag zur persönlichen, aber auch zur betrieblichen Gesundheitsförderung zu unterstützen. Allerdings braucht es dazu auch eine Unternehmenskultur, die ihre Fürsorgepflicht ernst nimmt. In diesem Zusammenhang möchte ich Ihnen eine Matrix vorstellen, aus der schnell ersichtlich wird, ob ein Unternehmen langfristig auf der Seite der Gewinner oder der Verlierer der Digitalisierung landen wird.

Demnach werden Unternehmen, die digitale Chancen nicht nutzen, sei es aufgrund fehlender Kompetenz oder mangelnden Interesses, und es in absehbarer Zeit nicht schaffen, innerhalb des Betriebs ein Bewusstsein für Achtsamkeit und Wertschätzung zu entwickeln, zugleich ihre Mitarbeiter wenig bis gar nicht bei der Selbstfürsorge unterstützen, eindeutig zu den Verlierern zählen.

Firmen, die eine achtsame und wertschätzende Kultur entwickelt haben und die in die Selbstfürsorge ihrer Mitarbeiter investieren, gleichzeitig jedoch den Wandel nicht mitgestalten, werden von anderen kurzerhand überholt werden.

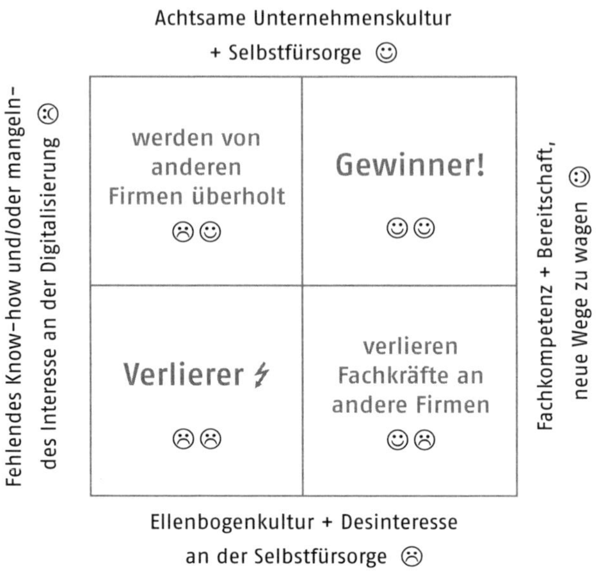

Achtsame Unternehmenskultur
+ Selbstfürsorge ☺

Fehlendes Know-how und/oder mangeln- des Interesse an der Digitalisierung ☹

werden von anderen Firmen überholt ☹☺	Gewinner! ☺☺
Verlierer ⚡ ☹☹	verlieren Fachkräfte an andere Firmen ☺☹

Fachkompetenz + Bereitschaft, neue Wege zu wagen ☺

Ellenbogenkultur + Desinteresse
an der Selbstfürsorge ☹

Abb. 1 | Gewinner und Verlierer der Digitalisierung unter dem Aspekt der Selbstfürsorge und der Bereitschaft, den Wandel mitzugestalten

Unternehmen, die in der Digitalisierung voranschreiten, aber ihre Mitarbeiter zurücklassen, weil sie deren Bedürfnis nach Selbstfürsorge nicht ernst nehmen, werden wertvolle Fachkräfte an die Gewinner verlieren.

Und Firmen, die bereit sind, neue Wege zu wagen und zugleich, neben einer Kultur der Achtsamkeit und Wertschätzung, in die Selbstfürsorge ihrer Arbeitskräfte investieren, werden die wahren Gewinner sein.

 Unternehmen, die ihre Mitarbeiter bei der Selbstfürsorge unterstützen und der neuen Arbeitswelt offen gegenüberstehen, werden als Gewinner der Digitalisierung hervorgehen.

Achtsamkeit als Nährstoff

Achtsamkeit ist zielgerichtete Aufmerksamkeit im gegenwärtigen Augenblick, alltagsnah und nicht nur gegen Stress wirksam. Sie handelt vom Leben im Hier und Jetzt, statt vom Bedauern verpasster Chancen und gemachter Fehltritte oder von Sorgen mit Blick auf die Zukunft. Achtsamkeit befähigt uns, persönlichen Stress zu entlarven, zu verstehen und effektiv zu bekämpfen. Indem wir zwischen einem Reiz von außen und der Reaktion im Inneren einen Moment innehalten und bewusst und wertfrei wahrnehmen, was mit und in uns geschieht, haben wir die Wahl, uns anders auszurichten, als unsere Gewohnheiten und Verhaltensmuster es uns nahelegen. Sie erlaubt uns, unsere Bedürfnisse und Wünsche bewusster wahrzunehmen und auf diese Weise gut für uns zu sorgen. Achtsamkeit nährt uns, wenn wir sie in unseren Alltag einbauen, und ist die Kraft, aus der wir schöpfen können, um den Herausforderungen des Lebens mit mehr innerer Ruhe und Gelassenheit zu begegnen.

Was aber hat dazu geführt, dass uns Achtsamkeit dermaßen abhandengekommen ist, dass wir sie neu erlernen müssen, denn schließlich ist sie angeboren? Kinder sind in der Regel wesentlich achtsamer als Erwachsene, was sie uns immer wieder vor Augen führen, wenn sie sich in ein Spiel vertiefen und dabei eine Präsenz entwickeln, in der sie sich von außen kaum stören lassen. Es sind vermutlich die vielen Reize, die Tag für Tag auf uns niederprasseln und um unsere Aufmerksamkeit buhlen. Im Laufe des Lebens lernen wir, sie scheinbar immer besser zu bewältigen, wir entwickeln uns zu Multitasking-Genies. Doch diese Entwicklung fordert ihren Tribut. Denn es kostet uns zunehmend mehr Kraft und Zeit, unsere Aufmerksamkeit immerzu in alle Richtungen zu streuen, um den Fokus dann schließlich auf die Kerninhalte unserer Tätigkeit zu richten. Die Suche nach Prioritäten wird zum Fischen im trüben Gewässer. Sie gestaltet sich zäh, die Ausbeute ist oftmals gering, die Mühe groß. Dieser Prozess reduziert drastisch Zeiten der Ruhe und Entspannung, in denen früher unser Geist frei und unbeschwert sein konnte. Gleichzeitig minimiert er unser Potenzial, sich den schönen Dingen des Lebens zuzuwenden. So suchen wir nach Lösungen und finden diese in der Einfachheit der Dinge statt in der Komplexität – oder, wie der Trend- und Zukunftsforscher Matthias Horx es treffend in einem seiner Schlüsseltexte bezeichnet: „Achtsamkeit ist Ablenkungs- und Aufmerksamkeitsdiät, bei der es nicht um Verzicht, sondern um inneren Reichtum geht." (Horx, Megatrend Achtsamkeit)

Grundlagen der Achtsamkeit

Der Begründer der Achtsamkeitsbewegung ist der amerikanische Biologe Jon Kabat-Zinn. Aufgrund eigener Erfahrungen in Yoga und Meditation entwickelte er in den 1970er-Jahren ein mehrwöchiges achtsamkeitsbasiertes Programm zur Stressreduktion, das sogenannte Programm zur Mindfulness-Based Stress Reduction (MBSR), das inzwischen weltweit bekannt ist und in den letzten Jahren sogar die Führungsetagen namhafter Unternehmen in Deutschland erreicht hat. Seitdem gibt es zahlreiche wissenschaftliche Studien, die die Wirkzusammenhänge der Achtsamkeitspraxis auf Körper, Geist und Seele positiv belegen. Demnach verändert diese nicht nur kurzfristig die Hirnaktivität, sondern mittel- und langfristig auch Hirnstrukturen hin zu einem dichteren neuronalen Netzwerk in Bereichen, die für die Aufrechterhaltung der Aufmerksamkeit und die emotionale Regulation zuständig sind. Erwiesenermaßen fördert gelebte Achtsamkeit Wertschätzung und Mitgefühl mit sich selbst und mit anderen Menschen. Dieser Ansatz könnte viele Unternehmen interessieren und vielleicht sogar revolutionieren, je nachdem, wie offen sie dafür sind.

„Das Herz der Achtsamkeit ist die Entdeckung und Kultivierung der Verbundenheit mit dem, was das Beste und Tiefste in uns ist."

JON KABAT-ZINN
ONLINE-ARTIKEL „MOMENT BY MOMENT"

Weder strebt Achtsamkeit etwas an noch bewertet sie die Dinge. Sie schaut sich nur an, was da ist. Eine Meditation dazu finden Sie im Kapitel zum Thema Entspannung. Ihr Prinzip ist das Singletasking, die Ausrichtung auf eine Sache statt auf mehrere gleichzeitig. Wir unterscheiden zwischen innerer Achtsamkeit, die auf uns selbst, unsere Gefühle und innere Impulse ausgerichtet ist, und der äußeren Achtsamkeit, bei der es um die Wahrnehmung außerhalb der eigenen Person geht. Achtsamkeit beginnt immer bei mir selbst und dehnt sich dann nach außen aus, auf meine Mitmenschen und meine Umgebung. Sie ist ein Prozess ebenso wie eine Fertigkeit und kann geübt, gelernt und gezielt eingesetzt werden. In erster Linie dient sie der Selbstregulation und ist damit ein hervorragendes und zeitgemäßes Mittel zur Selbsthilfe. Sie kann zur Entschleunigung einer akuten Stresssituation genutzt werden, um in den Ruhemodus zu kommen und mehr Gelassenheit zu generieren, oder langfristig als Grundton der Lebensführung etabliert werden. Um beides möglich zu machen, bedarf es regelmäßiger Übung. Diese ist sehr vielfältig und zu jedem Zeitpunkt und an jedem Ort möglich, denn die Grundübung, mit der wir beginnen können, ist das achtsame Beobachten unserer Atmung, die fortwährend präsent ist – vom ersten Atemzug an bis zum letzten.

Wie Achtsamkeitstraining wirkt

Die tägliche Konfrontation mit einer Flut an Stimuli wird in den nächsten Jahren aller Voraussicht nach immer mehr zunehmen. Wir werden noch stärker selektieren und bewusst mit Reizen umgehen müssen. Sonst laufen wir Gefahr, anstatt die neuen Technologien zu überblicken und sinnvoll einzusetzen, von ihnen beherrscht zu werden, vielleicht sogar ohne es zu bemerken. Anhand einer simplen Darstellung möchte ich Ihnen eine Vorstellung davon vermitteln, wie sich Achtsamkeit bei regelmäßiger Übung etabliert. Es ist keine wissenschaftliche Erkenntnis, sondern vielmehr eine Skizze, in der ich Ihnen meine eigene praktische Erfahrung und die der Teilnehmer meiner Kurse vorstellen möchte: Im Teil A der Abbildung sehen Sie einen niedrigen Präsenzlevel einer „untrainierten" Person. Im Teil B entstehen über den Tag verteilt mehrere Spitzen, die sich durch gezielte Achtsamkeitsübungen einstellen und in dem vorliegenden Fall unterschiedlicher Ausprägung sind. Finden hier Wiederholungen über einen Zeitraum von Tagen, Wochen und Monaten statt, zeigen sich deutliche Effekte. Wie im Teil C dargestellt, stellt sich insgesamt ein höherer Präsenzlevel ein und damit ein besseres Gewahrsein der aktuellen Situation im Innen und im Außen.

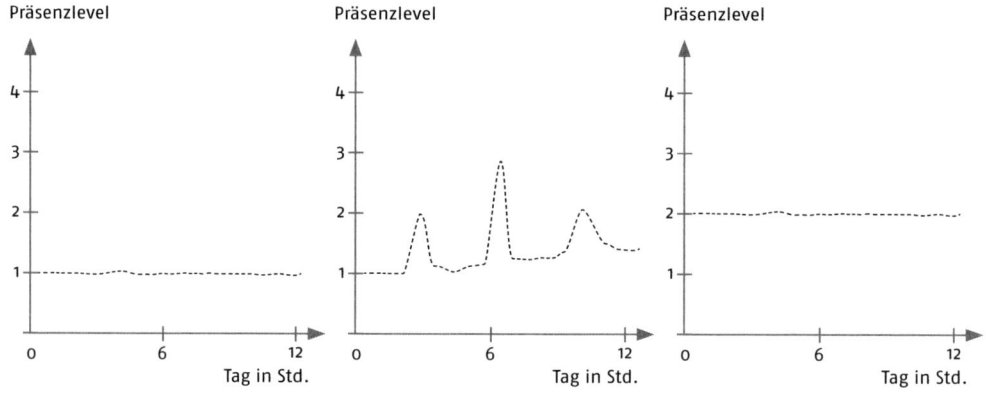

A Untrainierte Person mit einem niedrigen Präsenzlevel

B Achtsamkeitstraining im Laufe des Tages mit drei Übungssequenzen

C Etablierung eines höheren Präsenzlevels nach zahlreichen Wiederholungen

Abb. 2 | Achtsamkeitstraining

Der gesteigerte Präsenzlevel bleibt so lange erhalten, wie er im Alltag auch genutzt und eingesetzt wird, wie ein Muskel, dessen Kraft nur dann aufrechterhalten werden kann, wenn er regelmäßig zum Einsatz kommt. Wendet sich die Person etwa nach einem mehrwöchigen Kurs stattdessen von der Achtsamkeitspraxis ab, ohne sie in den Alltag zu integrieren, wird mit der Zeit der zuvor erworbene Zuwachs an Bewusstheit wieder abnehmen. Ganz nach dem Motto „Use it or lose it".

Use it or lose it

Wichtig zu wissen ist, dass es zum einen spezielle Übungen gibt, die gezielt Achtsamkeit fördern und als formelle Übungen bezeichnet werden. Zum anderen übt sich fast jeder von uns nahezu unbewusst in Achtsamkeit, indem er einer Tätigkeit nachgeht, die den Geist in einen entspannten und dennoch klaren und wachen Zustand bringt, in einen „Flow". Das machen wir meist automatisch und selbstregulativ. Diese Übungsform bezeichnet man als informell. Sie kann aus Joggen, Unkrautjäten oder Bügeln bestehen. Welche Tätigkeit dabei bevorzugt wird, ist sehr individuell. Wir gehen ihr intuitiv nach, weil wir spüren, dass sie uns guttut.

· ·

Welchen Tätigkeiten gehen Sie nach, um Ihren Geist in einen „Flow"– Zustand zu bringen? Schreiben Sie sie hier auf und überprüfen Sie Ihre Aussage bei der nächsten Gelegenheit.

ÜBUNG

_____

_____

_____

_____

· ·

Der Achtsamkeitswürfel

Wie bereits erwähnt, gibt es eine Vielzahl an wertvollen formellen Achtsamkeitsübungen. Eine schöne Auswahl können Sie in meinem Buch *30 Minuten Business-Meditation* finden. Vielleicht aber kommen Sie nach den Inhalten, die Sie gerade lesen, auf den Geschmack und entscheiden sich für einen mehrwöchigen Kurs oder einen Achtsamkeits-Retreat, wozu ich Sie nur ermutigen kann.

An dieser Stelle möchte ich Ihnen ein von mir entwickeltes Instrument zur Achtsamkeitsübung vorstellen. Es handelt sich dabei um einen Würfel, den ich liebevoll MindCu® (für Mindfulness Cube) genannt habe und den ich für gewöhnlich meinen Coaching- und Trainingsteilnehmern zur Verfügung stelle. Die Anleitung zum Selbermachen finden Sie im Anhang. Schneiden Sie den Würfel an den Linien einfach aus, setzen Sie ihn zusammen und legen Sie los!

Jede der sechs Würfelseiten ist durch einen Begriff gekennzeichnet. Jeder Begriff wiederum steht für eine Achtsamkeitsübung, die Sie so lange ausführen können, wie es für Sie in der momentanen Situation passt:

1. Der *Kopf* steht für eine achtsame Kopfhautmassage, die Sie sich selbst angedeihen lassen. Dazu fächern Sie Ihre Finger auf und legen die Fingerkuppen auf Ihren Kopf. Kreisen Sie sanft oder auch kraftvoll mit den Fingerkuppen über Ihre Kopfhaut, nehmen Sie den Druck unter Ihren Fingern bewusst wahr. Schließen Sie, wenn Sie mögen, Ihre Augen dazu, damit Sie Ihre Aufmerksamkeit besser nach innen lenken können. Während der Übung versuchen Sie an nichts zu denken, sondern sich voll und ganz dem Spüren zu überlassen.
2. Der *Fuß* steht für eine achtsame Zentrierung. Dazu können Sie sitzen und die Füße hüftbreit aufstellen oder sich aufrecht hinstellen, was ich in jedem Fall bevorzugen würde. Spüren Sie bewusst in Ihre Füße hinein, und beobachten Sie neugierig, wie Sie stehen – mittig oder mehr auf dem Ballen oder

der Ferse, mehr auf dem rechten oder eher dem linken Bein? Versuchen Sie sich in der Mitte auszubalancieren. Schließen Sie Ihre Augen dazu oder lassen Sie den Blick etwa zwei Meter vor Ihnen auf den Boden oder den Schreibtisch fallen. Lassen Sie für einen Augenblick die Geräusche, die Sie umgeben, in den Hintergrund treten und geben sich ganz dem Spüren hin. Wenn die Situation es erlaubt, können Sie gerne dazu Ihre Schuhe ausziehen.

3. Der *Atem* steht für die Grundübung und gleichzeitig für die Königsdisziplin. Dem Atem für einige Züge bewusst zu folgen – von den Nasenlöchern, wo die Luft hineinströmt, so weit wie möglich in den Körper hinein und wieder zurück, ohne sich dabei in Gedanken zu verfangen – das ist eigentlich ganz einfach und dann doch wieder recht schwer. Tauchen Gedanken auf, dann ärgern Sie sich nicht und lassen Sie sie wieder wie Wolken am Himmel vorüberziehen. Wie bei allem anderen macht auch hier die Übung den Meister.

4. Die *Wirbelsäule* steht für Bewegung. Dazu können Sie aufrecht sitzen oder stehen. Richten Sie Ihre Wirbelsäule bewusst und achtsam auf. Legen Sie Ihre Hände mit den Fingerspitzen nach unten auf den unteren Rücken und kommen Sie mit ihrer Unterstützung in ein sanftes gestütztes Hohlkreuz. Verweilen Sie hier einen Augenblick lang und lassen Sie dann Ihre Wirbelsäule wieder ganz rund werden, führen Sie die Schultern nach vorn und das Kinn zur Brust. Im nächsten Schritt richten Sie sich wieder auf und neigen den Oberkörper nach rechts, heben den linken Arm nach oben und dehnen gleichzeitig die linke Flanke. Dann wiederholen Sie die Übung zur anderen Seite. Im letzten Schritt richten Sie sich erneut auf, drehen den Oberkörper achtsam nach rechts und schauen weit über die rechte Schulter nach hinten. Genießen Sie die Drehposition und wechseln Sie dann langsam über die Mitte zur anderen Seite. Wiederholen Sie die Abfolge, sooft Sie mögen und sie Ihnen guttut.

5. Die *Schultern* stehen für die Lockerung verspannter Schulter-Nacken-Muskulatur. Verspannungen kennen wir alle, ob als Schreibtischtäter oder als Paketbote, der täglich sein Kraft-

training bei der Arbeit absolviert. Dazu sitzen oder stehen Sie und kreisen beide Schultern genüsslich nach hinten, während Sie nach Möglichkeit Ihre volle Schulterbeweglichkeit ausschöpfen. Spüren Sie bewusst in Ihre Schultern hinein und erkunden Sie aufmerksam, welche Bewegung Ihnen noch guttäte. Führen Sie diese dann auch durch. Danach neigen Sie Ihren Kopf nach rechts und nehmen die Dehnung der linken Nackenseite einige Atemzüge lang bewusst wahr. Wechseln Sie dann die Seiten und bringen Sie das linke Ohr in Richtung der linken Schulter. Spüren Sie auch hier achtsam in die Gegenseite hinein.

6. Das *Auge* steht für Entspannung. Kurzzeitiges Augenschließen entspannt die Augenmuskulatur und richtet die Wahrnehmung nach innen. Legen Sie Ihre Handballen über Ihre geschlossenen Lider und schmiegen Sie die Handinnenfläche an Ihre Stirn und Ihre Finger an die Kopfhaut. Wenn Sie am Schreibtisch sitzen, können Sie Ihre Ellenbogen aufstellen und das Gewicht Ihres Kopfes in gleicher Weise an die Hände abgeben. Verweilen Sie hier einige Atemzüge lang und öffnen Sie mit einem tiefen Einatmen wieder sanft Ihre Augen.

Sie werden sehen, wie schnell Sie diese Übungen verinnerlichen, weil sie Ihnen guttun und zu einer wertvollen und achtsamen Unterbrechung der wiederkehrenden Abläufe führen. Platzieren Sie den Würfel als Erinnerung an einen strategisch günstigen Ort, um ihn im Laufe des Tages im Blick zu haben und regelmäßig einzusetzen – als eine Art Achtsamkeitswecker, der Ihnen das Vorhaben, mehr Achtsamkeit in Ihren Alltag zu bringen, ins Gedächtnis ruft. Das Original ist deutlich kleiner und kann am Körper getragen werden (z. B. in der Hosen-, Rock- oder Manteltasche), wo es den Besitzer immer wieder an seinen Einsatz erinnert. Mit der Zeit werden die Übungen zur Gewohnheit, Ihr persönlicher Achtsamkeitslevel steigt wie von selbst. Dazu verrate ich Ihnen noch eine kurze Geschichte:

Es war einmal ein Geschäftsmann, der nicht nur ein erfolgreiches Unternehmen führte, sondern auch über eine achtsame Selbstführung verfügte. Seine Mitarbeiter und Geschäftspartner bewunderten ihn und fragten ihn oft, wie er bei all dem Stress immer noch den Überblick behalten und so gelassen sein könne.

Darauf lächelte er und antwortete: „Das liegt an dem Würfel in meiner rechten Hosentasche. Mehrmals am Tag nutze ich ihn, um meine Aufmerksamkeit bewusst von außen nach innen auf meinen Körper und meine Sinne zu lenken. Dadurch sorge ich gut für mich selbst und schöpfe Kraft für die Aufgaben, die mir bevorstehen. Den Menschen, denen ich im Laufe des Tages begegne, trete ich wertschätzend und mitfühlend gegenüber, denn genauso möchte auch ich von ihnen behandelt werden."

Dann fragten sie neugierig weiter: „Funktioniert das denn auch?" Der Geschäftsmann antwortete: „So wie man in den Wald hineinruft, so schallt es meistens auch heraus. Und wenn es mal nicht funktioniert, dann hole ich den zweiten Würfel aus meiner linken Hosentasche und verschenke ihn."

Nebenwirkungen der Achtsamkeitspraxis

Es wäre unfair, Ihnen diese Informationen zu verschweigen, denn beinahe alles und jedes Instrument birgt auch seine Gefahren. Dabei geht es nicht speziell um den MindCu®, sondern um alle Achtsamkeitsübungen, die Sie als Werkzeug nutzen, um Ihren Präsenzlevel zu steigern. Ein erhöhter Wachsamkeits- und Achtsamkeitsmodus führt in der Regel dazu, dass Ihnen mehr Dinge in der Begegnung mit Familie, Freunden oder Kollegen ebenso wie in Ihrer Umgebung auffallen. Das mag auf den ersten Blick etwas verwirrend sein, weil Sie sich vielleicht fragen, wie es sein kann, dass Ihnen diese Dinge bisher noch nicht aufgefallen sind, obwohl sie schon immer da waren. Nicht verzweifeln, das ist ganz normal. Erfreuen Sie sich daran, weil es zeigt, dass Sie Ihre Achtsamkeit verbessern und sich die Mühe lohnt.

Sollten Sie plötzlich feststellen, dass Sie zunehmend einen besseren Zugang zu Ihren Emotionen haben, dann gehen Sie auch damit sorgsam um, denn nicht alle Gefühle sind positiv, und nicht alles, was sich im Laufe des Lebens angestaut hat, kann einfach so abfließen. Oft braucht es dazu Zeit und eventuell sogar Unterstützung. Und falls Ihnen immer mehr bewusst wird, dass bestimmte Menschen oder Situationen Sie unter Druck setzen oder Ihnen ganz einfach nicht guttun, dann machen Sie den nächsten Schritt und überlegen Sie sich, wie Sie diese meiden können. Befragen Sie dazu sowohl Ihren Verstand als auch Ihren Bauch (aber dazu später mehr im Kapitel über die Intuition). Was können Sie gezielt tun, um sich der Person oder der Umstände zu entziehen, um so zu Ihrem Wohlbefinden beizutragen? Lassen Sie los, was losgelassen werden will und Ihnen und Ihrer Lebensfreude im Weg steht. Loten Sie achtsam aus, was geht und was nicht. Erinnern Sie sich noch? – Sie haben immer einen Gestaltungsspielraum und somit eine Wahl.

Der Baum der Selbstfürsorge

Salutogenese ist immer auch eine Grundhaltung dem Leben gegenüber. Dabei liegt die Betonung auf den eigenen Potenzialen und Kraftquellen. Dass Selbstfürsorge ohne Achtsamkeit in der Praxis nicht funktioniert, ist inzwischen hoffentlich deutlich geworden, dennoch werden wir immer wieder darauf zurückkommen. Als Nächstes möchte ich Ihnen über das Bild eines kraftvollen Baumes eine Vorstellung davon geben, wie Selbstfürsorge funktioniert und welche Themen die entscheidende Rolle dabei spielen.

„Gesundheit ist nicht alles, aber ohne Gesundheit ist alles nichts."

ARTHUR SCHOPENHAUER

Stellen Sie sich vor, Sie stehen vor einem prachtvollen Baum mit einem starken Stamm und großer Krone. Seine Nährstoffe schöpft er aus dem fruchtbaren Boden der Achtsamkeit; den kräftigen Stamm bildet die salutogenetische Grundhaltung, einst entstanden aus dem Samen des Kohärenzgefühls. Seine prächtige, weit ausladende Krone wird von mehreren starken Ästen gebildet, die sich im weiteren Verlauf zu immer feineren Verästelungen gabeln. Sie alle tragen Blätter, Blüten oder Früchte.

Abb. 3 | Baum der Selbstfürsorge

Der Baum als Vorbild und Sinnbild

Der Baum hat Wurzeln, die ihn im Erdreich verankern und ihm Halt geben, vor allem in stürmischen Zeiten. Aus den Wurzeln erhebt sich der Stamm, der die wertvollen Nährstoffe zur Krone transportiert und für Stabilität sorgt. Im Laufe der Zeit schöpft der Baum immer wieder aus sich selbst heraus. Die einzelnen Hauptäste sind eigenständig und doch sind sie alle miteinander verbunden, so wie der Baum in seiner Gesamtheit mit der Natur, die ihn umgibt, verbunden ist. Ist einer der Äste durch Ungeziefer von innen heraus geschwächt oder von außen durch Umwelteinflüsse beschädigt, wirkt sich das auf den gesamten Organismus negativ aus. Wird er dagegen besonders gut versorgt, treibt er wesentlich mehr Blätter und Blüten aus und trägt mehr Früchte. Die Krone ist zugleich der Ausdruck der Persönlichkeit und Lebendigkeit eines Baumes. Je prachtvoller sie ist, desto intensiver ist ihre Ausstrahlung und desto mehr Blicke und Aufmerksamkeit zieht sie auf sich. Natürlich ist der Baum auch den Jahreszeiten unterworfen, sodass er sein Kleid immer wieder verändert und erneuert. Alles, was er loslässt, wird zu Humus und damit zum Nährboden für sich selbst und andere Lebewesen.

So lässt sich der Baum als Vorbild aus der Natur auf den Menschen übertragen. Denn auch wir sind durch unser Urvertrauen mehr oder weniger im Leben verwurzelt. Die Aufrichtung unseres Körpers gibt uns Stabilität, die wir brauchen, um flexibel zu sein und mit den unterschiedlichen Herausforderungen des Lebens selbstbestimmt umzugehen. Unsere kleinen und großen Erfolge und Errungenschaften sind die Früchte, die erst durch die Fürsorge, die wir uns selbst zuteilwerden lassen, reifen. Je besser wir uns kennen und unsere Potenziale nutzen, desto mehr strahlen wir das auch aus und wirken auf andere charismatisch.

Schauen Sie sich die Krone des Baumes und ihre Schwerpunkte noch einmal genauer an. Welcher Bereich ist bei Ihnen persönlich besonders gut ausgebildet, welcher dagegen geschwächt oder verkümmert und bedarf mehr Engagement? Nutzen Sie die folgenden Zeilen, um sich den Status quo in Stichpunkten zu notieren:

_____

_____

_____

_____

Gesunde Ernährung und ausreichend körperliche Aktivität sind extrem wichtige Bausteine gesunder Lebensführung und damit der Selbstfürsorge. Was in Zukunft meiner Ansicht nach noch mehr in den Vordergrund rücken wird, ist, einen entschleunigten Ausgleich zur beschleunigten Welt zu schaffen. Daher werden Erholung und Entspannung an Relevanz gewinnen, ebenso wie eine positive und offene Grundhaltung dem Leben und den aktuellen Veränderungen gegenüber. Vielen Menschen vermutlich fremd, dennoch in Zeiten des Umbruchs unerlässlich ist die Zuwendung zur eigenen Seele und ihren Impulsen, insbesondere zur Förderung psychischer Gesundheit. Wie wichtig psychische Stabilität ist, sehen wir am fortlaufenden Anstieg psychischer Erkrankungen, von Burn-out und Depressionen in der Gesellschaft. Anscheinend ist in den letzten Jahren etwas aus dem Ruder geraten, was wir nur schwer wieder in den Griff kriegen. Mit mehr Aufmerksamkeit der Selbstfürsorge gegenüber beugen wir vor und stellen uns für die Zukunft gestärkt auf. Wie Sie dabei vorgehen können, erfahren Sie Schritt für Schritt in den folgenden Kapiteln.

Ernährung, Bewegung und Entspannung

Yoga und sein Mehrwert als verbindendes Element

Was ich in diesem Buch unter keinen Umständen versäumen möchte, ist, Ihnen den Mehrwert des Yoga darzulegen. Deshalb widme ich diesem Thema ein eigenes Unterkapitel. Ich möchte Sie keineswegs zum Yoga überreden, aber neugierig machen, diesen Übungsweg als Ausgleich zur Beschleunigung des Alltags auszuprobieren, da er sich deutlich von anderen Techniken unterscheidet.

Selbstregulation Wer die Fähigkeit besitzt, sich bewusst oder unbewusst in einen positiven Zustand zu bringen, von dem er emotional profitiert, ist klar im Vorteil. Dazu bietet der Yoga viele verschiedene Vorgehensweisen an. Doch nicht alle Menschen sind vom Yoga angetan, weil sie befürchten, dass er auf esoterischen Praktiken basiert und mehr zur Weltflucht verhilft als dazu, sich zu „erden". Dieser Begriff steht im Yoga übrigens als Synonym für innere Sammlung, Zentrierung und Stabilität. Trotz des andauernden Hypes oder vielleicht gerade deswegen ist die „Yogaszene" sehr vielfältig und für einen Anfänger tendenziell unüberschaubar. Die Palette reicht vom Power-Yoga für die Hartgesottenen über Hot Yoga in einem überhitzten Raum bis hin zu der eher spirituellen Variante, dem Kundalini-Yoga oder dem sanften Yin-Yoga, einer Variante, die auf Dehnfähigkeit und Steigerung der Flexibilität ausgelegt ist. Oft geht es auch hier höher, weiter und schneller zu, was nicht der Grundidee des Yoga entspricht. Letztlich zeigt der Zustrom an Teilnehmern diverser Kurse, dass Menschen sich auf den Weg machen, nach Alternativen und zeitgemäßen Praktiken zur Selbstregulation zu suchen. Yoga in seiner Essenz ist weltanschaulich neutral und an keine religiöse Vorstellung gebunden. Insbesondere der Hatha-Yoga strebt einen Ausgleich zwischen An- und Entspannung an, was sich schon in der Bezeichnung „Ha" für Sonne und „Tha" für Mond ausdrückt. Dabei steht die Sonne für das Kraftvolle und Maskuline und damit für Leistung und Produktivität. Der Mond dagegen verkörpert das Weiche und Feminine, demnach den Ausgleich, den wir brauchen, um unsere Batterien wieder aufzuladen. In seinen Bestandteilen geht es um körperliche und geistige Übungen, die sowohl kraftvoll – mit Betonung auf Muskelkraft und innerer Stärke – als auch weich – mit Betonung auf Flexibilität und das Vermögen, nachzugeben und loszulassen, zu entspannen – sein können. Letztendlich dreht sich speziell im Hatha-Yoga alles um diese entgegengesetzten Kräfte, um die Polaritäten des Lebens. Gerade deswegen ist er so alltagsnah und wirksam. Aus meiner Sicht ist Hatha-Yoga Achtsamkeitstraining in Bewegung, bei dem der Atem den Takt vorgibt und der Übende eine wache und bewusste Präsenz entwickelt, in der er zur Ruhe und Klarheit kommt und ganz nebenbei seinen Körper stärkt. Dies ist nicht nur kurzfristig für ein „Reset", als Neustart für zwischendurch, sinnvoll, sondern langfristig, um mit sich selbst, seiner Soft- und Hardware bewusst in Kontakt zu kommen und zu bleiben.

Darüber hinaus ist Yoga ein verbindendes Element. Wie der Begriff „Yoga" selbst schon zum Ausdruck bringt, geht es darum, „zu verbinden, eine Ganzheit zu schaffen". Damit integriert Yoga die weiteren Aspekte der Selbstfürsorge und fügt sie zu einem Ganzen: Indem wir beim Üben achtsam nach innen lauschen, nehmen wir unsere Seelenimpulse wahr und können entsprechend reagieren, indem wir uns dem zuwenden, was wir aktuell am meisten brauchen. Durch eine wertfreie und offene Sichtweise, die wir während des Übens einnehmen und zu der wir immer wieder bewusst zurückkehren, schaffen wir mehr Distanz in Bezug auf unsere Gefühle, innere Impulse und Gedanken. Damit können wir ihnen mit mehr Gelassenheit begegnen, sie bewusst anschauen und

Yoga ist Geist- und Körperschulung

verstehen. Auf diese Weise lernen wir, sie besser zu handhaben, auch den Hürden des Alltags etwas Gutes abzugewinnen, und nähern uns einer positiven Grundhaltung dem Leben gegenüber. Wenn wir über Yoga den Körper schulen, wird früher oder später auch der Geist folgen. Irgendwann stellt sich dann auch die Frage danach, was uns Energie zum Leben liefert, also nach der Ernährung. Und auch hier findet jeder seinen ganz individuellen Weg. Und seien Sie unbesorgt, nicht jeder, der Yoga praktiziert, wird gleich zum Vegetarier.

PRAKTISCHE
ÜBUNG

Augenyoga – nicht nur für Schreibtischtäter

In der digitalen Welt verbringen die meisten von uns viele Stunden am Tag vor einem Bildschirm. Dabei werden unsere Augen einseitig gefordert und ermüden schnell, weil sich weder die Distanz zum Monitor verändert noch unser Blickradius. Durch die ständige Fixierung des Nahbereichs droht Kurzsichtigkeit. Sinnvoll sind daher regelmäßige Pausen, in denen wir die Augenmuskeln entspannen und in Form eines Krafttrainings in Bewegung bringen.

Um Ihre Augen zu entspannen, schließen Sie sie für einige tiefe Atemzüge. Dann öffnen Sie sie wieder und schauen, ohne den Kopf dabei zu bewegen, im Takt von ein bis zwei Sekunden möglichst weit nach: rechts, links, oben, unten, diagonal nach rechts oben und links unten, schließlich diagonal nach links oben und rechts unten. Wiederholen Sie diese Abfolge mehrmals. Sollte Ihnen dabei schwindelig werden, reduzieren Sie das Tempo. Dann strecken Sie einen Daumen aus und fokussieren den Fingernagel, während Sie den Arm langsam mindestens fünfmal von sich weg und zu sich hin führen.

Wahrheit in sich
selbst finden

Die Philosophie des Yoga ist deswegen so genial und hat viele Jahrtausende überdauert, weil sie dem Menschen die Möglichkeit bietet, die Wahrheit in sich selbst zu finden. Die äußeren Umstände sind und werden immer im Wandel sein, denn Leben ist Bewegung. Dies anzunehmen und zu bejahen, ist ein erster wichtiger

Schritt in die richtige Richtung. Verantwortungsvoll angewandt entspricht Yoga einem Coaching, zunächst angeleitet vom Kursleiter, später oder auch parallel dazu in Eigenregie. Er schafft den nötigen Rahmen und gibt aufgrund der Übungsstruktur Impulse vor, die uns dabei unterstützen, uns in unserer Persönlichkeit und unserem Bewusstsein weiterzuentwickeln.

Auch in der Berufswelt hat sich Hatha-Yoga inzwischen etabliert. Es gibt viele Unternehmen, die nicht nur Yoga-Retreats für Führungskräfte, sondern für ihre Mitarbeiter auch regelmäßige Kurse im Rahmen betrieblicher Gesundheitsförderung anbieten. Gerade für Menschen mit besonderer Verantwortung ist Achtsamkeit in Form von Yoga eine wertvolle Ressource. Getreu dem Motto: „Nur wer sich selbst achtsam führt, kann auch andere achtsam führen" biete ich offene und unternehmensinterne Achtsamkeits- und Yogaseminare an. Die Teilnehmer kommen auf diese Weise nicht nur in den Genuss von etwas Gutem, sondern werden gleichzeitig für Führung im digitalen Zeitalter inspiriert und sorgen für ihre mentale Fitness. Denn Persönlichkeit lässt sich nicht digitalisieren, sie muss reifen, mit den Anforderungen mitgehen und sich selbst immer wieder auf den Prüfstand stellen.

Welche Kernkompetenz in Zukunft noch mehr gefragt sein wird und wie wir sie ausbilden können, erfahren Sie auf den folgenden Seiten.

Empathie als Kernkompetenz
in stürmischen Zeiten

Leider verwenden wir zu viel Zeit darauf, emotionale Regungen zu unterdrücken, statt sie zu fördern. Und dann wundern wir uns, wenn Empathie auf der Strecke bleibt. Denn diese lässt tatsächlich dramatisch nach: Psychologen um Sara H. Konrath von der University of Michigan haben für den Zeitraum von 1979 bis 2009 nachgewiesen, dass sich die Bereitschaft, andere Menschen zu verstehen und ihnen zu helfen, halbiert hat. Dagegen hat der Wille, sich das zu nehmen, was einem nach eigener Meinung zusteht, deutlich zugenommen. Hier findet also eine beunruhigende Entwicklung statt. Dabei wird in der Arbeitswelt 4.0 Empathie als vielleicht die wichtigste Eigenschaft des Mitarbeiters gehandelt. Ist das alles nur Schwindel? Müssen wir uns in Zukunft zwischen Menschlichkeit und Rendite entscheiden oder sollten wir lieber etwas mehr an unserer Gefühlswelt feilen?

Während die Märkte immer globaler werden und der Fachkräftemangel steigt, haben leistungsfähige Mitarbeiter jederzeit die Wahl zwischen zahlreichen attraktiven Unternehmen. Doch was beeinflusst den Arbeitnehmer, früher oder später aus einem Unternehmen auszusteigen? Natürlich ist die finanzielle Entlohnung ein wichtiger Faktor, ebenso die Wertschätzung, die er von seinem Unternehmen erfährt. Was allerdings immer noch unterschätzt wird, ist die emotionale Identifikation mit der Firma und ihren ethischen Werten. Studien zufolge führt ein hohes Maß an emotionaler Identifikation zu höherer Leistungsbereitschaft und damit zu besserer Arbeitsqualität, denn Menschen suchen Sinn in ihrem Tun. Durch die daraus resultierende geringe Zahl an Krankheitstagen und verminderte Fluktuation ist dieser Aspekt entscheidend, wenn es um nachhaltigen Unternehmenserfolg geht. Auch die Kundenzufriedenheit derjenigen Firmen steigt, deren Mitarbeiter eine starke Bindung zum Unternehmen haben. Außerdem wollen Menschen nicht nur in ihrer Funktion, sondern eben auch als Mensch wahrgenommen und wertgeschätzt werden. Betriebe, die diesen Grundgedanken in ihrer Kultur verankert haben, profitieren zusätzlich von einem guten Image, denn diese Haltung spricht sich schnell herum.

Es geht also um Emotionen, ein gutes Betriebsklima mit kollegialen und vertrauensvollen Beziehungen und einer offenen Kommunikation. Was wir dafür brauchen sind Führungskräfte, die nicht nur fachlich kompetent sind, sondern sich auch authentisch und empathisch zeigen. Denn Empathie ist eben die Fähigkeit, sich in eine andere Person hineinzuversetzen und die Beweggründe für ihr Handeln zu verstehen. Dadurch lässt sich ein Mitarbeiter besser einschätzen und, was für beide Seiten von Vorteil ist, entsprechend seinen Potenzialen und Ressourcen einsetzen, damit er zum Wohle des Unternehmens und der persönlichen Zufriedenheit agieren kann. Leider lassen sich solche Führungskräfte nicht aus dem Boden stampfen. Auch hier ist die Selbstempathie die Basis für empathisches Verhalten anderen gegenüber. Vorgesetzte, die keinen bewussten Zugang zu ihren Emotionen haben oder diese sogar unterdrücken, tun sich selbst auf Dauer nichts Gutes und werden von ihren Kollegen nicht als authentisch wahrgenommen. Untersuchungen von Matthew Lieberman, einem Hirnforscher an der University of California, konnten nachweisen, dass Entscheidungsträger, die ihre Emotionen unterdrücken, ihr Herz-Kreislauf-System belasten, da dies zu einem erhöhten Puls und Blutdruck führt. Dagegen treffen Manager, die in der Lage sind, ihre Emotionen klar zu benennen und somit z. B. Ärger, Enttäuschung oder Begeisterung auszudrücken, nicht nur nachweislich bessere Entscheidungen, sondern aktivieren auch die Schmerzareale ihrer Mitarbeiter in geringerem Ausmaß. Damit stoßen sie auf weniger Widerstand und werden als Führungspersönlichkeit weitaus besser akzeptiert. Dies ist übrigens der klare Vorteil weiblicher Führung: Frauen haben in der Regel aufgrund ihrer Erziehung und ihrer Rolle als Mutter, die an Fürsorge und Verständnis für andere gekoppelt ist, auch einen besseren Zugang zu ihren Emotionen.

Herzgesundheit

HERZ.bewusst.
SEIN-Programm

Tatsächlich weiß man, dass neben der Lebensführung Stress und negative Emotionen einen immens hohen Einfluss auf unser Herz und seine Gesundheit haben. Ob eine Herz-Kreislauf-Erkrankung, wie ein Herzinfarkt, eine typische Managerkrankheit ist, lässt sich nicht ermitteln. Untersuchungen zeigen, dass eher Angestellte in Sandwichpositionen betroffen sind, die schwierige Anweisungen von oben befolgen und gleichzeitig ihre Rolle als Führungskraft gegenüber ihren Mitarbeitern glaubhaft vertreten müssen. Dabei sehen sie sich oft selbst als Opfer des Systems und verwenden diese innere Haltung als „Entschuldigung", ihre Gestaltungsräume nicht zu nutzen, sondern die negativen Auswirkungen nach unten hin abzuleiten. Da bleibt natürlich wenig Raum für Empathie. Ganz im Gegenteil, eine unempathische Haltung dient als Schutzschild. Sie hilft, die Maßnahmen durchzusetzen, die seitens des Managements gefordert werden, und sich gleichzeitig dabei vor Angriffen der Mitarbeiter abzuschirmen. Dies ist allerdings eine Strategie, die nicht nur an den Nerven, sondern auch gewaltig an der Gesundheit des Betroffenen zehrt. Denn das Herz ist nicht nur ein Zentralorgan des Blutkreislaufs, sondern auch ein Empfindungsorgan und somit der Kompass für ein gelungenes Leben. Wo sonst, wenn nicht im Herzen, fühlen wir Sympathie oder Antipathie? Und auch Liebe, das wichtigste aller Gefühle, erleben wir mit dem Herzen und nicht mit dem Verstand. Wer dauerhaft seine Herzimpulse ignoriert und seinem Herzen keine Zuwendung schenkt und dem Stress nicht entgegenwirkt, brennt schnell aus. Denn unter Stress wird das Blut „zäher" und sozusagen klebriger, sodass sich leichter Blutgerinnsel bilden können. Gleichzeitig steigt der Cholesterinspiegel an, und es werden Stoffe ausgeschüttet, die Entzündungen in den Blutgefäßen fördern. Um sich dem Herzbewusstsein wieder zu nähern, habe ich in den vergangenen Jahren das HERZ.bewusst.SEIN-Programm entwickelt, das auf Achtsamkeit basiert und es den Menschen erlaubt, sich ihrer Herzensimpulse bewusst zu werden, sie anzunehmen und aus ihnen heraus zu handeln.

Die Macht des (Selbst-)Mitgefühls

Während Empathie das Sicheinfühlen in eine andere Person beinhaltet, geht das Mitfühlen noch eine Stufe tiefer. Denn Empathie ist nicht per se etwas Gutes, entscheidend ist, wie diese kanalisiert wird. In vielen Branchen ist es durchaus üblich, die Mitarbeiter gezielt dahingehend zu schulen, dass sie die emotionalen Bedürfnisse der Kunden identifizieren und ihnen auf dieser Grundlage passende Angebote unterbreiten. Solange sie dabei keine Ängste schüren, um diese durch die emotionale Reaktion, die dann meist folgt, zu ihrem Vorteil und damit zu einem Geschäftsabschluss zu nutzen, mag das durchaus legitim sein. Das macht Werbung nicht anders. Sie weckt Gefühle und dadurch Begehren durch Bilder und sinnliche Eindrücke. Dennoch ist es für den Kunden klar vom Vorteil, sich dieser Vorgehensweise bewusst zu sein, weil sein Gestaltungsspielraum dadurch wesentlich größer ist. Wer sich mit dem Thema Empathie beschäftigt, hat also auch hier einen besseren Durchblick und lässt sich im Alltag, wo häufig mit allen Mitteln um den Kunden gekämpft wird, nicht so schnell in die Enge treiben.

Emotionen kommen und gehen wie Flut und Ebbe. Häufig verzerren sie unsere Wahrnehmung der Wirklichkeit, wenn wir ihnen nicht achtsam genug begegnen. Das Mitgefühl dagegen überdauert, wenn es aktiviert und kultiviert wird, und bringt uns unserem Wesenskern näher. Viele Menschen sind anderen gegenüber offen und zugewandt, sich selbst dagegen behandeln sie selten freundlich. Wir alle sind unvollkommen und machen ständig Fehler. Wenn wir dann jedes Mal hart mit uns selbst ins Gericht gehen, uns andauernd selbst kritisieren und tadeln, macht es uns weder zu besseren Menschen noch macht es uns glücklich. Begegnen wir uns dagegen mit Mitgefühl und akzeptieren unsere Schwächen, schaffen wir die beste Grundlage, um unseren Selbstwert zu steigern, uns positiv auszurichten und unsere Ziele im Leben zu verwirklichen.

„Mitfühlendes Handeln ist gut für unsere geistige Gesundheit."

DALAI LAMA

An dieser Stelle möchte ich Ihnen mit einer kurzen Körperübung von Kristin Neff, einer Professorin für Psychologie und Persönlichkeitsentwicklung an der Universität von Texas in Austin, ein Gefühl dafür vermitteln, wie sich Selbstmitgefühl anfühlt:

PRAKTISCHE ÜBUNG

So fühlt sich Mitgefühl an

1. Setzen Sie sich aufrecht und entspannt hin. Ballen Sie beide Hände ganz fest zu Fäusten, und nehmen Sie die Anspannung, die dabei entsteht, bewusst wahr.

2. Öffnen Sie Ihre Hände mit den Handflächen nach oben und lösen Sie die Spannung auf. Genießen Sie dabei das Loslassen und den Zustand der Entspannung.

3. Legen Sie Ihre rechte Hand auf Ihr Herz und die linke über die rechte. Schließen Sie für einen Moment Ihre Augen und spüren Sie die Wärme Ihrer Hände auf Ihrer Haut. Was hat sich verändert und wie geht es Ihnen jetzt?

Die erste Haltung ist eine Metapher für Stress und Selbstkritik. Bei der zweiten spürten Sie vermutlich Erleichterung. Sie steht für Achtsamkeit, wobei alles so sein kann, wie es ist. Die dritte aktiviert das System der Fürsorge und symbolisiert Mitgefühl. So fühlt es sich an, wenn wir freundlich zu uns sind.

Schenken Sie sich die Geste des Mitgefühls immer dann, wenn Sie Trost und Berührung brauchen, erst recht, wenn gerade keiner da ist, der Ihnen zuhört und Sie liebevoll in den Arm nimmt. Zärtliche Berührung ist ein Lebenselixier. Denn die Fähigkeit zu fühlen entwickelt der Mensch, lange bevor er hört oder gar sieht, bereits im Mutterleib. Wir brauchen Berührung ein Leben lang. Sie ist oft stärker als Worte. Obwohl der Tastsinn im Alter nachlässt, genießen ältere Menschen zärtliche Berührungen anscheinend mehr als junge. Forscher vermuten, dass der Grund dafür darin liegt, dass Körperkontakt im Alter seltener und daher umso kostbarer wird.

Die Industrie hat diese Tatsache längst für sich entdeckt und hat schon lange keine Berührungsängste mehr gegenüber dem Thema. Sie setzt die Haptik eines Gegenstandes gezielt dazu ein, um unsere Kaufentscheidung positiv zu beeinflussen.

Solidarität
und Kooperation

Das Mitgefühl ist ein zentraler Wert des menschlichen Miteinanders, denn es fördert Solidarität und Kooperation. Es führt uns aus der Isolation in die Erfahrung der Verbundenheit, des Kohärenzgefühls. Wir erkennen, dass wir in ein weltumspannendes Beziehungsnetz eingebunden sind und alles, was geschieht, eine Auswirkung auf jeden von uns hat. Wir erkennen auch, dass jeder Mensch auf seine Art und Weise mit dem Leid konfrontiert und zeit seines Lebens auf der Suche nach Glück ist. Aus dieser Erkenntnis heraus erwächst die Verantwortung für das Ganze.

Folgende Übung hilft Ihnen, Ihr Herz für sich selbst zu öffnen und besonders in schwierigen Zeiten Selbstmitgefühl zu entwickeln:

Selbstmitgefühl

PRAKTISCHE
ÜBUNG

Legen Sie beide Hände schützend auf Ihr Herz. Atmen Sie ruhig und entspannt ein und aus und wiederholen Sie dabei leise oder nur gedanklich folgende Worte: „Möge ich glücklich, möge ich beschützt sein."

Besonders wirksam ist diese Übung, wenn Sie mit Leid konfrontiert werden und sich selbst Trost und Zuversicht, dass alles sich zum Guten wenden wird, spenden wollen. Denn Leid ist ein Teil unseres Lebens, so wie Glück, Erfolg und Erfüllung seine Bestandteile sind.

Um das Mitgefühl auf andere Menschen auszudehnen, schließt man sie gedanklich in die Übungspraxis mit ein. Sie können die Übung wie folgt ergänzen:

Richten Sie Ihr Mitgefühl auf einen Menschen, der Ihnen nahesteht, und senden Sie einen Wunsch für ihn mit folgenden oder ähnlichen Worten aus: „Mögest du glücklich, mögest du beschützt sein." Sie können den Wunsch auch auf andere Menschen ausdehnen, zu denen Sie eine neutrale Beziehung pflegen oder mit denen Sie aktuell keine versöhnliche Beziehung führen. Schließlich können Sie den Wunsch auf alle Menschen, die in Not sind und Mitgefühl benötigen, ausdehnen, indem Sie sagen: „Mögen alle Menschen glücklich, mögen alle Menschen beschützt sein." Natürlich können Sie die Worte frei wählen und z. B. „glücklich" durch „gesund" ersetzen, je nachdem, was Sie ihnen wünschen.

Eine weitere Möglichkeit, Mitgefühl zu generieren, ist, sich sich selbst oder sein Gegenüber als ein unschuldiges und Schutz suchendes Kind vorzustellen. Oder Sie denken an eine Situation, in der Sie sich vorbehaltlos geliebt fühlten, und versuchen, diese Situation in Gedanken so wirklich und lebendig wahr werden zu lassen wie nur möglich. Nicht zuletzt ist Dankbarkeit ein kraftvoller Träger des Mitgefühls, da sie einfach zu aktivieren ist und konkrete Anlässe im täglichen Leben bietet. Dankbarkeit erzeugt Verbundenheit mit den Menschen, die dazu beigetragen haben, dass es uns gut geht und dass wir z. B. etwas zu essen und anzuziehen haben, die im Urlaub für unsere Erholung sorgen oder sich um unser Haustier kümmern, während wir unterwegs sind.

Wichtig ist, das Mitgefühl vom Mitleid zu trennen. Immer wenn wir über das Leid eines anderen Menschen mit ihm in Verbindung treten, laufen wir Gefahr, neues Leid, nämlich unser eigenes, zu erschaffen. Gehen Sie daher auf Tuchfühlung, ohne sich mit der Person zu identifizieren. Nur so können Sie neutral bleiben und wahre Unterstützung anbieten, ohne dass Sie selbst durch den Schmerz gelähmt werden.

Chronobiologie: Was wir von der Natur lernen können

Früher, als unsere Technologien noch nicht so weit entwickelt waren, musste sich der Mensch den Bedingungen der Natur anpassen. Mittlerweile leben viele in der Überzeugung, die Natur überlisten zu können, und vergessen dabei, dass diese die Menschen in Wirklichkeit nicht braucht. Aber wir Menschen brauchen die Natur, denn unsere Zukunft ist von ihr abhängig. Wenn wir versuchen, uns in den Rhythmus der Natur einzufügen, leisten wir nicht nur einen wichtigen Beitrag zur Aufrechterhaltung der Kohärenz, sondern fördern auch unsere Selbstheilungskräfte. Zahlreiche Untersuchungen belegen, dass Menschen schneller genesen und weniger Schmerzmittel brauchen, wenn sie in Kontakt mit der Natur kommen, sei es durch den Aufenthalt im Grünen oder einen entsprechenden Blick aus ihrem Fenster. Die Betonbunker der Städte dagegen machen die Menschen krank.

Der Mensch braucht die Natur!

Die Zeitanatomie des Lebens

Das Leben folgt sich ständig wiederholenden Rhythmen: Tages-, Wochen-, Monats- und Jahresrhythmus. Nach der traditionellen chinesischen Medizin (TCM) hat sogar jedes Organ innerhalb des 24-Stunden-Rhythmus seine Arbeits- und Ruhezeiten. Dabei gilt folgender Grundsatz: Wenn wir mit diesem natürlichen Fluss unserer Lebensenergie in Übereinstimmung leben, können wir unsere Organe bei ihrer täglichen Arbeit optimal unterstützen. Übertragen auf unsere Aktivitäten innerhalb der genannten Zeitperiode heißt das: Wenn wir im Einklang mit unserer inneren Uhr leben oder anders ausgedrückt „im Flow sind", dann sparen wir nicht nur Zeit, sondern auch wertvolle Energie. Arbeiten wir dagegen entgegen unserer inneren Uhr, verschwenden wir kostbare Zeit und Ressourcen.

Chronobiologie ist der wissenschaftliche Zweig, der sich mit der zeitlichen Organisation biologischer Systeme und Prozesse beschäftigt. In Bezug auf den menschlichen Körper sind die drei relevanten Taktgeber das Sonnenlicht, die Nahrungsaufnahme und der Schlaf. Machen Sie sich die Rhythmen Ihres Lebens bewusst. Sind Sie eher ein Morgentyp, oft als Lerche bezeichnet, der früher aufwacht als der Durchschnitt und sein Leistungshoch am Morgen oder am Vormittag hat? Oder zählen Sie eher zu den Abendtypen, den Eulen also, die am Abend besonders aktiv und leistungsfähig sind? Wenn weder das eine noch das andere auf Sie zutrifft, dann gehören Sie anscheinend nicht zu den Extremtypen und sind wie zwei von drei Menschen wesentlich flexibler. Diese Ausprägung wird als Indifferenztyp bezeichnet. Das heißt jedoch im Umkehrschluss nicht, dass Sie keine Präferenzen haben, was die Tageszeit betrifft.

. . . .

ÜBUNG   Meine Zeitanatomie

Um sich selbst auf die Spur zu kommen, notieren Sie in Stichpunkten, welche Zeit für Sie die beste für welche Tätigkeit ist. Eine Vorlage dazu finden Sie im Anhang.

1. Beginnen Sie mit Ihrem natürlichen Schlafbedürfnis, Ihrem intuitiven Verlangen nach Essen und Zeiten körperlicher Aktivität. Danach tragen Sie die Arbeitszeiten ein. Diese können Sie in Phasen der Kreativität und des logischen Denkens unterteilen. Vergessen Sie nicht, die Entspannung und alles andere, was für Sie von Bedeutung ist, ebenfalls einzutragen.

2. Im zweiten Schritt schauen Sie sich Ihren Tagesplan in Ruhe an und vergleichen ihn mit der aktuellen Situation. Wo stellen Sie Unterschiede und wo Gemeinsamkeiten fest? Unterstreichen Sie die annähernd deckungsgleichen Zeiten, und kreuzen Sie die Zeiten an, die sich deutlich voneinander unterscheiden.

3. An welchen Stellschrauben können Sie drehen und damit zu Ihrer eigenen Zufriedenheit und zum Wohlbefinden beitragen? Was genau können Sie von heute an ändern?

_____

_____

_____

Der Chronobiologie nach wäre der Wegfall klassischer Arbeitszeitmodelle ein Gewinn. Denn im Einklang mit der inneren Uhr ließe es sich vermutlich effizienter, gesünder und zufriedener arbeiten. Bestrebungen, die Arbeitszeiten zu flexibilisieren, bestehen bereits, wenn auch vielleicht aus anderen Beweggründen und sicher nicht in jeder Branche.

Der Frühling

Der Frühling ist eine Zeit des Erwachens. Die Tage werden zunehmend länger und die Nächte kürzer. Die Lebenssäfte der Bäume strömen in die Äste, die ersten zarten Pflanzen durchstoßen das Erdreich, während die Winterschläfer ihre Höhlen verlassen und die Zugvögel langsam zurückkehren. Im Frühling werden die äußeren Bedingungen freundlicher, die Sonne lockt die Menschen ins Freie. Das Immunsystem, das im Winter besonders aktiv sein musste, um widrige Umstände wie Kälte, Feuchtigkeit und wenig Sonnenlicht zu kompensieren, darf sich erholen. Die Vitamin-D-Produktion wird dank des Sonnenlichts angekurbelt, und das Blut,

Die Jahreszeiten bestimmen unseren Rhythmus

das im Winter aus der Körperperipherie ins Körperinnere verlagert wurde, um den Wärmeverlust über die Haut so gering wie möglich zu halten, wandert aus den Organen in die Haut und Muskeln. Dadurch steigt unsere körperliche Leistungsfähigkeit und die Lebensgeister werden geweckt. Jetzt geht es darum, die guten Vorsätze, die wir im Winter vielleicht gefasst haben, voller Tatendrang und Zuversicht auf den Weg zu bringen. Der Frühling gibt uns die Kraft, uns auf unsere Stärken zu besinnen und unsere Persönlichkeit zu entfalten. Starten Sie einen Frühjahrsputz und trennen Sie sich von Dingen und Überzeugungen, die Sie nicht mehr brauchen. Auf diese Weise schaffen Sie Platz für Neues. Auch die Entgiftung des Körpers läuft innerlich auf Hochtouren. Wenn Sie mögen, ist der Frühling genau der richtige Zeitpunkt für eine Fastenkur.

Der Sommer

Die Phase des Aufräumens und Aufkeimens ist zu Ende. Charakteristisch für den Sommer ist die Extraversion, die Zeit des Reifens. Viele physiologische Parameter, die im Frühling nach der langen Winterpause wieder angekurbelt wurden, steuern auf das Maximum zu, so z. B. die Leistungsfähigkeit unseres Herz-Kreislauf-Systems. Die Muskeln werden so optimal durchblutet, unsere körperliche Kraft steigt. Da jetzt der Körper auf Bewegung ausgerichtet ist, bieten sich Radtouren, Wanderungen und diverse andere sportliche Aktivitäten an. Die Produktion des Schlafhormons Melatonin ist gedrosselt und somit das Schlafbedürfnis, im Vergleich zu den anderen Jahreszeiten, deutlich geringer. Dafür erfährt der Sexualtrieb seinen Höhepunkt – bei Pflanzen, Tieren und Menschen. Nach der Reinigung im Frühjahr läuft die Verdauung vergleichsweise langsam. Der Magen produziert die geringste Menge an Magensäure. Die Ernährung sollte daher leicht bekömmlich sein und sich aus viel Gemüse und Obst, leichten Salaten und wenig Fleisch zusammensetzen. Licht und Wärme werden häufig mit Lebensfreude, Lebenslust und Offenherzigkeit assoziiert. Wir sollten uns an der vollen Blüte der Natur erfreuen, möglichst viel Zeit draußen verbringen und die langen Tage sowie die Leichtigkeit des Seins in lauen Sommernächten in vollen Zügen genießen. Sammeln Sie Eindrücke und Erfahrungen, statt sich daheim in den eigenen vier Wänden zu verkriechen.

Der Herbst

Im Herbst folgt die Phase des Erntens. Selten ist das Nahrungsangebot so reichhaltig wie in den Herbstmonaten. Die Pflanzen inszenieren sich in wunderschönen Farbnuancen, von Gelb- über Rot- bis hin zu verschiedenen Brauntönen. Langsam werfen die Bäume ihre Blätter ab, schließen die Poren und konzentrieren ihre Lebenssäfte auf die Wurzel. Viele Tiere bereiten sich auf die kalte Jahreszeit vor und ziehen sich in ihre Winterquartiere zurück. Die Zugvögel verlassen uns in Richtung Süden. Im Herbst neigt sich die Extraversion dem Ende zu, denn mit der Kraft der Sonne schwindet auch unsere Energie. Es ist an der Zeit, die Eindrücke und Abenteuer des Sommers zu verarbeiten. So sollten auch wir beginnen, uns auf unsere Wurzeln zu besinnen. Unser Herz und der Kreislauf sind nicht mehr so gefordert und dürfen mehr zur Ruhe kommen. Die Leistungsfähigkeit des Körpers lässt nach. Die Melatoninproduktion steigt und somit das Schlafbedürfnis. Die Verdauung wird deutlich angeregt und erlaubt uns, genüsslich zu schlemmen. Da der Magen wieder mehr Magensäure produziert, ist er auch in der Lage, schwer verdauliche Nahrungsmittel aufzuspalten. Allerdings nehmen wir durch die kulinarischen Genüsse und die reduzierte Bewegung gerade in den Herbst-/Wintermonaten schnell zu. Das Abwehrsystem nimmt wieder an Fahrt auf, während sich die Entgiftung des Körpers hauptsächlich auf den Darm und die Lunge verlagert. Die Psyche wird zunehmend aktiv, um im Frühling und Sommer gesammelte Eindrücke zu reflektieren und zu verarbeiten. Es ist an der Zeit, sich mit seiner Seele, seinen inneren Impulsen auseinanderzusetzen und sich seiner Schwächen bewusst zu werden. Denn auch diese bereichern unser Leben und liebevolles Anschauen schafft Klarheit. Daher möchte ich Sie aus ganzem Herzen dazu ermutigen. Die Trauer, als Teil des Lebens, zeigt sich auch im Herbst. Nicht nur im Gemüt der

Menschen, sondern auch an den Gedenktagen wie Allerheiligen und dem Buß- und Bettag.

Der Winter

Im Winter kommen wir am innersten Punkt, in unserer Mitte an. Es ist die Zeit der Erholung und des Kräftesammelns für das neue Jahr. Also vergeuden Sie sie nicht mit unaufhörlichem Hetzen durch die Läden auf der Suche nach den perfekten Weihnachtsgeschenken. Machen Sie es sich lieber zu zweit oder alleine auf dem Sofa gemütlich, lesen Sie ein Buch, hören Sie Musik oder gönnen Sie sich einfach ein bisschen mehr Ruhe. Besonders die Vorweihnachtszeit ist eine Phase des Friedens und der Harmonie, denn auch die Natur wird ruhig und leise. Es ist die perfekte Zeit, sich auf die Suche nach dem Lebenssinn zu begeben und sich in Güte und Vergebung zu üben. Das Herz-Kreislauf-System ist im Winter auf Regeneration eingestellt. Die Leistungsfähigkeit des Körpers ist am Tiefpunkt, während die Melatoninproduktion auf Hochtouren läuft. Letzteres hat einen hemmenden Einfluss auf die Geschlechtsdrüsen, was dazu führen kann, dass wir im Winter eher zu Sexmuffeln werden und das gemütliche Kuscheln bevorzugen. Dafür ist die Schilddrüse, deren Aufgaben u. a. darin bestehen, den Wärmehaushalt zu regulieren, besonders aktiv. Mangelnde Bewegung und das üppige Essen lassen den Cholesterinspiegel ansteigen. Und das Abwehrsystem, das sich in den kalten Monaten vermehrt gegen Viren und Bakterien zur Wehr setzen muss, nimmt an Fahrt auf. So geschieht nichts ohne Grund. Doch häufig haben wir es verlernt, auf unseren Körper zu hören. Denn kommen diese Rhythmen einmal durcheinander oder treten Beschwerden auf, kann die Pharmazie scheinbar schnell helfen, was leider nicht immer ohne Nebenwirkungen bleibt.

FAZIT

Ganz gleich, welchen Stellenwert Arbeit für Sie hat, sie nimmt sicher eine zentrale Rolle in Ihrem Leben ein. Wer sich in Zeiten der digitalen Transformation nicht an der Selbstfürsorge orientiert, geht mit einem rückwärtsgewandten Blick in die Zukunft. Wir sollten uns also viel öfter fragen, was uns dauerhaft gesund erhält, damit wir später nicht nach Mitteln suchen müssen, die uns wieder gesund machen können. Auch Unternehmen sollten in diesem Zusammenhang ihre Strategien ernsthaft überdenken und in Zukunft mutiger voranschreiten und die psychosoziale Gesundheit ihrer Mitarbeiter stärker in den Fokus nehmen. Achtsamkeit ist dabei ein entscheidendes Werkzeug, das Sie immer wieder nutzen können, um sich im Hier und Jetzt zu verankern. Sonst zieht das Leben an Ihnen vorbei, noch bevor Sie sich neu ausrichten können. Nutzen Sie für das Bild der Selbstfürsorge einen kraftvollen Baum, der die unterschiedlichen Aspekte, die mit der selbstfürsorglichen Haltung verbunden sind, in seiner Krone vereint. Wenn Sie mögen, lassen Sie sich vom Yoga anstecken, denn er bringt Sie unmittelbar auf den Weg, damit Sie gut für sich sorgen. Und lassen Sie die Empathie samt Mitgefühl niemals aus den Augen. Denn Empathie ist die Königsdisziplin, die das Kohärenzgefühl stärkt und es Ihnen erlaubt, freundlich zu sich selbst und anderen zu sein. Nicht zuletzt machen Sie sich den Rhythmus Ihres Lebens anhand Ihrer Zeitanatomie bewusst und lernen Ihre innere Uhr besser kennen. Nutzen Sie diese Erkenntnis zu Ihrem Vorteil, und schauen Sie, wo Sie Ihren Tagesablauf etwas justieren können, um die Abläufe effizienter zu gestalten und gleichzeitig mehr Zufriedenheit zu generieren. Vielleicht gewinnen Sie am Ende an Zeit, die Sie für die schönen Dinge des Lebens nutzen können.

Wie Sie Ihre Gesundheit ganzheitlich fördern und so Krankheiten und Ausfallzeiten vorbeugen

Stillstand ist nicht mit dem Leben vereinbar In Wahrheit ist auch unser Körper ständigem Wandel unterworfen. Fortwährend ändert sich seine Zusammensetzung und Oberfläche. Der Prozess der Hauterneuerung z. B. dauert etwa 28 Tage. Auch unser Knochengerüst wird auf- und abgebaut, während sich im Knochenmark ständig neue Blutzellen bilden. In dem wässrigen Milieu unseres Körpers ist alles in Bewegung. Schließlich besteht ein Erwachsener mittleren Alters zu etwa 60 Prozent aus Wasser, Kinder etwas mehr, ältere Menschen etwas weniger. Laut der Epigenetik-Forschung ändert sich sogar unsere Erbsubstanz durch äußere Einflüsse und inneres Erleben auf äußere Reize ununterbrochen. Stillstand scheint demzufolge nicht mit dem Leben vereinbar zu sein. Es ist also fast unmöglich, sich dem Wandel und dem Fortschreiten des Lebens zu entziehen.

. . . .

„Auf der Leiter der Evolution haben jene Spezies überlebt und konnten gedeihen, die sich an die Veränderungen der Umwelt am besten anpassen konnten. Die Beweglichkeit des Geistes kann uns helfen, den Wandel in der Außenwelt zu akzeptieren."

DALAI LAMA

. . . .

Die Bausteine gesunder Lebensführung, die ich Ihnen hier vorstellen möchte, gehören zu den Klassikern. Natürlich haben Sie schon viel zum Thema Ernährung, Bewegung, Entspannung und Schlaf gehört und vielleicht so manches bereits erfolgreich umgesetzt.

Dennoch lade ich Sie ein, sich diesem Kapitel mit Achtsamkeit zuzuwenden. Es enthält zahlreiche praktische Tipps, die die Umsetzung in den Alltag erleichtern. Und sicher sind auch Anregungen dabei, die Sie noch nicht kennen.

Gesunde Ernährung

Haben Sie sich schon einmal eingehend mit dem Thema Ernährung auseinandergesetzt? Wissen Sie eigentlich, was Sie täglich zu sich nehmen und wie gesund oder ungesund diese Nahrungsmittel sind? Die Weltgesundheitsorganisation (WHO) geht davon aus, dass rund 30 Prozent aller Krebsarten in den westlichen Ländern auf ungünstige Ernährungs- und Bewegungsgewohnheiten zurückzuführen sind. Neben moderater Bewegung, auf die wir später noch eingehen werden, ist eine vollwertige Ernährung der beste Weg, die Gesundheit zu erhalten, unser Wohlbefinden zu steigern und Erkrankungen vorzubeugen. Oft reichen schon kleine Korrekturen unserer Essgewohnheiten aus, um einen großen positiven Effekt zu erzielen.

Bevor wir uns einigen speziellen Themen zuwenden, stelle ich Ihnen die zehn wichtigsten Empfehlungen zu einer gesunden Ernährung vor. Sie orientieren sich an den Regeln der Deutschen Gesellschaft für Ernährung. Damit Sie direkt mit der Umsetzung starten können, sind sie praxisnah formuliert:

Zehn Empfehlungen zu gesunder Ernährung

1. Essen Sie abwechslungsreich und vielseitig. So vermeiden Sie eine einseitige Ernährungsweise, die häufig zum Mangel an bestimmten Nährstoffen führt. Bevorzugen Sie pflanzliche Lebensmittel.
2. Wählen Sie täglich mindestens fünf (verschiedene) Portionen frisches Obst und Gemüse aus. Eine Portion ist etwa faustgroß oder wiegt ca. 100 – 150 g. Mögliche Alternativen sind: ein selbst gemachter Smoothie ohne Zuckerzusatz, Trockenobst oder eine Handvoll Nüsse.

TIPP

Bereiten Sie sich Ihren Obst- und/oder Gemüseteller schon am Morgen vor, und schneiden Sie Ihre Auswahl nach Bedarf in mundgerechte Stücke, damit Sie jederzeit beherzt zugreifen können.

3. Verzichten Sie weitgehend auf Weißmehlprodukte und wählen Sie bei Getreideprodukten wie Brot, Nudeln, Reis und Mehl die Vollkornvariante. Diese sättigen nicht nur länger, sondern ihre Ballaststoffe senken gleichzeitig das Risiko für ernährungsbedingte Krankheiten und Herz-Kreislauf-Erkrankungen.

4. Greifen Sie täglich zu Milch und Milchprodukten wie Joghurt und Käse; je naturbelassener, desto besser. Sie liefern gut verfügbares Protein, Vitamin B2 und Calcium.

Lebensmittel aus saurer Milch
- begünstigen die physiologische Darmflora,
- stimulieren das Immunsystem,
- haben eine antikarzinogene Wirkung,
- verbessern die Resorption von Mineralstoffen,
- verbessern die Laktose-Toleranz,
- fördern die Produktion von Verdauungssäften,
- fördern die Darmtätigkeit,
- senken den Cholesterinspiegel.

5. Essen Sie Fleisch, Wurstwaren und Eier in Maßen. Dafür ein- bis zweimal pro Woche Fisch oder auch mal Tofu. Seefisch versorgt Sie mit Jod und fetter Fisch mit wichtigen Omega-3-Fettsäuren. Fleisch ist ein hochwertiges Nahrungsmittel, entscheidend ist die Menge: 300 bis 600 g sollten pro Woche nicht überschritten werden, denn Fleisch und insbesondere Wurstwaren enthalten auch ungünstige Zusatzstoffe. Generell gilt: Je weniger stark verarbeitet Lebensmittel sind, desto besser. Daher lieber ein Steak oder Putenbrust von der Fleischtheke als eine Leberwurst aus dem Regal kaufen. Ernährungswissenschaftler halten Geflügelfleisch für gesünder und

wissenschaftler halten Geflügelfleisch für gesünder und empfehlen daher, es rotem Fleisch von Schweinen, Schafen oder Rindern vorzuziehen. Inzwischen gilt als bewiesen, dass häufiger Konsum von rotem Fleisch das Risiko, an Dickdarmkrebs zu erkranken, erhöht.

Darüber hinaus schwingt beim Thema Fleisch und Fisch noch ein anderer Aspekt mit, der vielleicht nicht allgemeingültig ist, für viele Verbraucher jedoch immer mehr an Bedeutung gewinnt: Das Bewusstsein um die ethische Verantwortung beim Fleischverzehr steigt. Das muss am Ende jeder für sich selbst ausloten. Ich persönlich bevorzuge Fleisch und Fisch aus artgerechter und nicht aus Massentierhaltung, selbst wenn das aufgrund mangelnder Transparenz bei den Biosiegeln leider nicht immer einfach ist.

6. Verwenden Sie pflanzliche Öle und daraus hergestellte Streichfette. Diese liefern lebensnotwendige Fettsäuren und Vitamin E. Gutes Olivenöl aus ökologischem Anbau und erster Pressung z. B. hält tatsächlich das, was es verspricht: Neben seiner antikarzinogenen Wirkung senkt es den Cholesterinspiegel und schützt die Körperstrukturen vor Oxidationsprozessen.

   Achten Sie auch auf versteckte Fette in Wurst, Süßwaren, Knabbereien und vor allem in Fast Food und Fertigprodukten.

7. Setzen Sie Zucker und Salz sparsam ein. Denn zu viel Zucker macht nicht nur süchtig, sondern auch krank. Aber dazu später mehr.

   Stattdessen können Sie zum Würzen Kräuter und Gewürze nutzen. Und wenn Sie Salz verwenden, dann möglichst mit Jod und Fluorid angereichertes. Es besteht die Vermutung, dass ein zu hoher Konsum an Salz die Entstehung von verschiedenen Krebsarten, insbesondere Magenkrebs, begünstigt.

8. Trinken Sie reichlich, am besten Wasser. Täglich sollten es rund 1,5 l Wasser und/oder kalorienarme Getränke sein, an heißen Tagen oder beim Sport gerne mehr.

Was Sie über Wasser wissen sollten:

- Es kurbelt den Stoffwechsel an.
- Es fördert die Konzentration und beugt Müdigkeit vor.
- Es versorgt die Haut mit Feuchtigkeit von innen.
- Es fördert die Schadstoffentsorgung, indem es Giftstoffe aus dem Körper ausschwemmt.
- Es zügelt den Appetit und Heißhunger.

TIPP So aromatisieren Sie Ihr Wasser selbst: Füllen Sie eine Glaskaraffe oder eine Trinkflasche mit Wasser und geben Sie einige schöne Fruchtstücke und/oder Kräuter Ihrer Wahl hinzu. Gut eignen sich dazu z. B. Limetten-scheiben, einige frische Himbeeren und Pfefferminzblätter. Das Wasser kann Quell-, Sprudel- oder auch selbst gefiltertes Wasser sein. Um mehr Aroma zu erhalten, lassen Sie das Wasser ein bis zwei Stunden (im Kühl-schrank) ziehen. Für zwischendurch sind außerdem Kräutertees, insbe-sondere Grüntee, zu empfehlen.

Das schlechte Image von Kaffee hat sich in den letzten Jahren stark gewandelt. In Maßen genossen, hat er eine antioxidati-ve Wirkung und steht durchaus im Einklang mit einer gesun-den und ausgewogenen Ernährung. Richtig dosiert, verhält es sich mit Rotwein aufgrund seiner sekundären Pflanzeninhalts-stoffe aus der Weinbeere ähnlich. Hier gilt die Empfehlung: Der Weingenuss sollte bei Frauen eine Menge von 0,125 l (kleines Gläschen) und bei Männern 0,25 l (mittleres Glas) nicht über-schreiten. Allerdings ist und bleibt Alkohol ein Suchtmittel und sollte daher nicht zur täglichen Gewohnheit werden.

9. Bereiten Sie die Lebensmittel schmackhaft und schonend mit Wasser oder Gemüsebrühe und wenig Fett zu. Beim Garen gilt der Grundsatz: so lange wie nötig und so kurz wie mög-lich. Denn nur so bleiben der natürliche Geschmack und die Nährstoffe erhalten. Beim Braten, Grillen, Backen und Frittie-ren achten Sie auf die richtige Temperatur und Dauer. So ver-hindern Sie das Verbrennen, bei dem sich zahlreiche gesund-heitsschädigende Verbindungen bilden.

10. Essen Sie achtsam und mit Genuss. Versuchen Sie, Ihre Speisen mit möglichst vielen Sinnen zu entdecken. Kauen Sie bewusst und lassen Sie sich beim Essen ausreichend Zeit. Unser Körper braucht etwa 20 Minuten, damit sich ein Gefühl der Sättigung einstellt.

Achten Sie am besten schon beim Einkauf auf qualitativ hochwertige Produkte und Vielfalt für Ihren Speiseplan. Kochen Sie wenn möglich öfter selbst und verzichten Sie auf industriell hergestellte Nahrungsmittel und Fast Food. Die klügste Alternative zu frischen Produkten ist immer noch naturbelassene Tiefkühlkost. Bedenken Sie, dass ein appetitlich angerichtetes Essen mehr Genuss verspricht als eine schnelle Mahlzeit. Verbieten Sie sich nichts, sondern finden Sie stattdessen das richtige Maß für weniger gesunde Lebensmittel.

Reflektieren Sie Ihr Essverhalten

Im Laufe des Lebens prägen zahlreiche soziokulturelle Prozesse und äußere Einflüsse unser Essverhalten: Erziehung, Tradition, Kultur, Religion, sozialer Status, Medien, Belohnungsdenken, Stress, Kummer, Langeweile, Arbeitsbedingungen wie z. B. Schichtarbeit sowie Angebotslage. Machen Sie sich diese Zusammenhänge bewusst, und entscheiden Sie selbst, ob Sie in Bezug auf Ihre Essgewohnheiten etwas ändern möchten.

Was sind Ihre klaren Vorlieben und was die Abneigungen? Welche davon machen Sie zu einem gesunden Esser, welche dagegen eher nicht?

ÜBUNG

Sind Sie eher ein Stressesser, der bei Stress tendenziell unkontrolliert alles in sich hineinschaufelt, oder ein Stresshungerer, der unter Druck keinen Bissen herunterbekommt oder einfach vergisst, zu essen? Kreuzen Sie eine Antwort an:

☐ Stressesser   ☐ Stresshungerer

Wie können Sie besser auf sich hören und gerade in stressigen Zeiten Ihren Körper mit den notwendigen Nährstoffen versorgen, ohne sich Fettpolster zuzulegen?

_____

_____

_____

TIPP Für die positiven Effekte von sogenannter Nervennahrung sind in der Regel die in den Lebensmitteln enthaltenen Nährstoffe verantwortlich, insbesondere B-Vitamine und Magnesium. Beides und noch viel Gutes mehr findet sich in Nüssen wie Walnüssen, Haselnüssen und Pistazien.

Gesund abnehmen und Gewicht halten

Gehören Sie zu der Gruppe von Menschen, die ein paar Pfunde mehr als gewünscht auf die Waage bringt, dann machen sie sich auch folgende Zusammenhänge bewusst:

- Größere Servierschüsseln und Teller verleiten dazu, größere Portionen zu wählen, und diese wiederum dazu, mehr zu essen.
- Die dauerhafte Verfügbarkeit von fett- und zuckerreichen Nahrungsmitteln steigert das Verlangen danach und den Verzehr.
- Appetit ist nicht gleich Hunger. Während der Appetit die Lust am Essen betont, entsteht der Hunger durch die Notwendig-

keit der Nahrungsaufnahme. Es ist wichtig, das eine von dem anderen zu unterscheiden.

Außerdem sollten Sie Folgendes über sogenannte Crash-Diäten wissen:

1. Nach jeder Mahlzeit verbrennt der Körper zuerst Zucker, der sich im Blut befindet. Sobald der Blutzuckerspiegel gesunken ist, kommt vom Gehirn die Meldung: Hunger!
2. Während einer Crash-Diät bekommt der Körper weniger Nahrung, als er benötigt, und damit auch weniger Energie. Muskeln wollen jedoch ständig durchblutet und mit Sauerstoff versorgt werden. Dazu benötigen sie viel Energie. Weil der Körper davon wenig bekommt, baut er Muskeln ab, um aus den darin befindlichen Eiweißen Energie zu ziehen.
3. Erst zuletzt geht der Körper an seine Fettreserven und drosselt gleichzeitig weiterhin den Energiebedarf. Er weiß: Wenn die Reserven weg sind, hat er nichts mehr übrig.
4. Nach einer Crash-Diät ist der Körper auf wenig Nahrung eingestellt, er befindet sich jetzt im Energiesparmodus. Wenn wir anfangen, wieder normal zu essen, bekommt er daher mehr Energie, als er benötigt. Der überflüssige Zucker wird aus dem Blut in die Fettzellen transportiert und dort für schlechte Zeiten angelegt. So entsteht schnell neues Übergewicht.
5. Die Muskelmasse ist inzwischen reduziert, was den Energieverbrauch zusätzlich senkt. Das bleibt auch noch einige Wochen nach der Diät so. Um für eine weitere „Hungersnot" gewappnet zu sein, füllt der Körper rasch wieder seine Fettzellen auf und legt zusätzlich neue Speicher an. Die strenge Diät hat sich also nicht gelohnt.

Wollen Sie Ihr Gewicht auf eine gesunde Art und Weise halten, kommen Sie um einen gesunden Lebensstil nicht herum. Falls eine Gewichtsreduktion Ihr Ziel ist, sollten Sie bei jeder Hauptmahlzeit etwa ein Viertel bis ein Drittel der Kalorien einsparen, d. h., ein Viertel bis ein Drittel weniger auf den Teller füllen als gewohnt, sowie extrem fett- und zuckerreiche Nahrungsmittel meiden. Realistisch ist eine Gewichtsabnahme von einem halben bis einem Kilogramm pro Woche. Auch ein aktiver Lebensstil, bei dem Sie kurze Strecken zu Fuß gehen oder mit dem Fahrrad fahren und Treppen steigen, statt einen Aufzug zu nutzen, hilft Ihnen dabei, Ihr Gewicht zu regulieren und Ihr Wohlbefinden langfristig zu steigern.

Gesunder Essrhythmus

Intervallfasten Während noch vor Kurzem die Ernährungswissenschaft mehrere kleine Mahlzeiten über den Tag verteilt propagierte, geht man mittlerweile individueller bei den Empfehlungen vor. Dem aktuellen Trend nach darf der Magen, der anatomisch gesehen ein großer starker Muskel ist, auch mal eine Pause einlegen. Diese Ernährungsform, die seit einiger Zeit als sehr positiv bewertet wird, nennt sich intermittierendes (unterbrochenes) Fasten oder Intervallfasten. Bei näherer Betrachtung handelt es sich nicht um ein Fasten im klassischen Sinne, denn dabei geht es in erster Line nicht um eine Reduktion der Nahrungsaufnahme, sondern vielmehr um einen bestimmten Rhythmus. Die populärste Variante ist die 16/8-Methode: In einem Zeitfenster von acht Stunden essen Sie wie gewohnt, jedoch in etwas dichteren Zeitabständen. Anschließend verzichten Sie für 16 Stunden auf Nahrungsmittel. Damit wird die natürliche „Fastenphase" während des Schlafens einfach um ein paar Stunden verlängert. So können Sie z. B. um acht Uhr mit dem Frühstück starten und Ihre letzte Mahlzeit um 16 Uhr einnehmen. Oder Sie lassen das Frühstück ausfallen, starten um 12 Uhr mit der ersten Mahlzeit und können dann bis acht Uhr abends mengenmäßig wie gewohnt essen.

Dieses Vorgehen begünstigt nicht nur Regenerationsprozesse unseres Körpers, sondern verbessert auch die Insulinsensitivität, die Empfindlichkeit der Körperzellen gegenüber Insulin, was dazu führt, dass Fettreserven, besonders in Kombination mit Bewegung, besser angezapft werden können. Damit ist das intermittierende Fasten sicher nicht für jeden die bessere Wahl, aber für viele

Menschen mit oder ohne Übergewicht eine gute Alternative. Falls bei Ihnen chronische Erkrankungen bekannt sind oder vermutet werden, sprechen Sie zunächst mit Ihrem Arzt über Ihr Vorhaben, bevor Sie mit dem intermittierenden Fasten beginnen.

Sagen Sie Zucker den Kampf an

Wussten Sie, dass Zucker ein Suchtstoff ist und dass viele von uns täglich viel zu viel davon konsumieren? Zucker ist ein Kohlenhydrat und kommt am häufigsten als Einfachzucker Glukose und Fruktose sowie als Zweifachzucker Saccharose vor. Letztere ist der bekannte Haushaltszucker, mit dem Sie vermutlich Ihren Kaffee oder Tee süßen oder den Sie zum Backen verwenden. Leider versteckt sich Zucker nicht nur in Süßigkeiten, sondern auch in vielen anderen Lebensmitteln, wo man ihn weniger vermutet. Und gerade das macht in Summe eine viel zu große Menge aus, die wir Tag für Tag unserem Körper zuführen. Hier einige Beispiele, wo Sie versteckten Zucker finden, häufig neben Geschmacksverstärkern, Konservierungs- und Farbstoffen. Schauen Sie beim nächsten Einkauf auf die Zutatenliste:

Zuckerkonsum reduzieren

- Fertiggerichte in Dosen oder Tüten
- Tomatenketchup
- Fruchtjoghurts
- Fertige Salatdressings und Saucen
- Smoothies
- Fertige Müslis

Eine klare Dosis-Wirkungs-Beziehung und konkrete Grenzwerte für Zucker abzuleiten ist schwierig. Dennoch bietet die Weltgesundheitsorganisation eine Richtlinie (2015): maximal fünf bis zehn Teelöffel freien Zucker pro Tag. Dazu zählt nicht der natürliche Zuckergehalt in Obst, Gemüse und Milch. Allerdings Vorsicht, denn ein Glas Limonade kann durchaus schon den Richtwert überschreiten!

WISSENSWERTES

Vermeiden Sie also tendenziell zuckerhaltige Lebensmittel. Die negativen Folgen von Zucker beschränken sich nicht nur auf die Zahngesundheit, sondern zu viel Zucker ...

- überlastet den Darm und zerstört das gesunde Darmmilieu,
- ist ein Risikofaktor für Gicht und Nierensteine,
- begünstigt langfristig das Entstehen von Diabetes Typ 2,
- blockiert das Sättigungsgefühl, verhindert Fettabbau und führt zu Übergewicht,
- ist ein Risiko für Herz-Kreislauf-Erkrankungen und das Entstehen einer Fettleber,
- schadet Nieren und Knochen,
- mindert die Konzentrationsfähigkeit und führt zu schnellerer Ermüdung.

Neuste Untersuchungen legen sogar nahe, dass industriell verarbeiteter Zucker die Entstehung diverser psychischer Störungen, wie etwa Depressionen, begünstigt. Die Vermutung, dass Krebszellen Zucker lieben und dass somit der Verzicht darauf oder allgemein auf Kohlenhydrate die Entstehung von Krebs oder dessen Fortschreiten verhindern könnte, lässt sich nicht eindeutig beweisen. Allerdings trägt Zucker zum Übergewicht bei und dieses ist ein Risikofaktor für eine Reihe von Krebsformen.

Was also tun, wenn Sie ein Zuckerjunkie sind? Entlarven Sie Ihre größten Zuckerquellen und versuchen Sie auf diese zu verzichten. Reduzieren Sie Ihren Konsum an Haushaltszucker und streichen Sie Fertiggerichte und Fast Food von Ihrem Speiseplan. Da ich diese Erfahrung bereits selbst gemacht habe, kann ich davon berichten, dass das Bedürfnis nach Zucker innerhalb weniger Wochen stark abnimmt. Es ist vielmehr der gewohnte Griff zum Süßen, der einem Schwierigkeiten bereitet. Ein wunderbarer Nebeneffekt, der kurze Zeit später auftritt: Die Süße in anderen Lebensmitteln wird einem bewusster und das Geschmacksempfinden deutlich nuancenreicher. Und lassen Sie sich nicht verwirren: Obst und Gemüse sind trotz enthaltener Fructose gesund und dürfen mit gutem Gewissen reichlich verzehrt werden.

Vegan oder doch vegetarisch?

Vegane Ernährung ist in der Mitte der Gesellschaft angekommen. Das sehen wir an den zahlreichen Produkten, die als vegan ausgezeichnet werden, Tendenz steigend. Doch was unterscheidet eine vegetarisch orientierte Ernährung von einer veganen?

Vegetarische Ernährungsformen gibt es viele, denn die Bezeichnung sagt eigentlich nur aus, dass Fleisch gemieden wird. Dabei können andere tierische Produkte durchaus verzehrt werden, je nach ethischer Ausrichtung, Überzeugung oder Verträglichkeit. Veganer dagegen meiden alle tierischen Lebensmittel, auch Honig. Oft lehnen sie auch Erzeugnisse oder Materialien, die von Tieren stammen, wie Wolle, Fell oder Leder, ab. Auch in puncto Körperpflege und Kosmetik achten viele Veganer auf Naturprodukte, die keine tierischen Inhaltsstoffe enthalten und mit dem Tierschutz vereinbar sind.

Laut der Deutschen Gesellschaft für Ernährung ist eine rein pflanzliche Ernährung nicht für jeden geeignet. Für Schwangere, Stillende, Säuglinge, Kinder und Jugendliche wird eine vegane Ernährungsweise nicht empfohlen, da die Versorgung mit einigen wichtigen Nährstoffen nicht oder kaum möglich ist, z. B. mit Proteinen oder dem Vitamin B12. Wer sich dennoch vegan ernähren möchte, sollte zuvor eine qualifizierte Ernährungsberatung in Anspruch nehmen oder einen Arzt konsultieren.

Für diejenigen, die noch unentschlossen sind, ob sie zu einer veganen Ernährungsweise wechseln möchten, gilt: Setzen Sie sich mit dem Thema intensiv auseinander, probieren Sie vegane Produkte aus und hören Sie auf Ihre Intuition.

TIPP

Superfoods, Nahrungsergänzungsmittel und Säure-Basen-Balance

Sind die vielfach glorifizierten Superfoods aus Übersee, wie Chiasamen oder spezielle Beeren, wirklich so super? Sie scheinen tatsächlich einen sehr hohen Nährstoffgehalt zu haben, der der Gesundheit förderlich ist. Auch der Anteil an Antioxidantien, die freie Radikale neutralisieren sollen, ist hier beeindruckend hoch. Trotzdem ist Skepsis angesagt, denn die langen Transportwege aus fernen Ländern schaden nicht nur der Frische, sondern auch dem Klima. Außerdem wird in vielen Herkunftsländern kein ökologischer Anbau praktiziert, sodass zahlreiche Produkte mit Pestiziden und Schwermetallen belastet sind. Wer sich also bewusst ernähren möchte, greift am besten zu regionalen und saisonalen Alternativen vom Bauern nebenan, denn diese stehen den trendigen Superfoods in nichts nach. Im Gegenteil, Grünkohl, Rote Bete oder Leinsamen verdienen durchaus die Bezeichnung „heimische Superfoods".

Wer sich gesund und bewusst ernährt, ist nicht auf präventive Nahrungsergänzungsmittel angewiesen, ausgenommen sind Menschen mit besonderen Bedürfnissen. Aber auch für die Einnahme von Nahrungsergänzungsmitteln sollte ärztlicher Rat eingeholt werden, denn eine dauerhafte und hoch dosierte Einnahme diverser Vitaminpräparate kann zu Nebenwirkungen führen. Was wir mit den teuren Power-Pillen und Konzentraten kaufen, ist das gute Gewissen und leider für viele auch der Freibrief, weniger auf Ernährung und Lebensstil zu achten. Ihr Geld ist daher besser in guten und hochwertigen Nahrungsmitteln investiert, die zudem mehr Genuss als Dragees versprechen.

Säure-Basen-Balance Die Überzeugung, dass nur eine schlechte Ernährungsweise zur Übersäuerung des Körpers führe und damit ernsthafte Beschwerden und Erkrankungen nach sich ziehen könne, trifft nicht zu. Denn auch Bewegungsarmut, Stress und Umweltbelastung tragen wesentlich dazu bei. Mit schlechter Durchblutung und somit unzureichender Sauerstoffversorgung der Muskulatur geht auch die Bildung überschüssiger Milchsäure einher. Säuren und Basen sind Wechselspieler, beide sind für unseren Organismus wichtig und sollten idealerweise im Gleichgewicht sein. Der pH-Wert gibt an, ob eine Lösung basisch oder sauer ist. Die pH-Skala reicht von 1 bis 14, wobei ein pH-Wert von 7 neutral ist. Alle Werte unter 7 sind sauer, alle Werte darüber basisch. Im Körper kommt es darauf an, dass in jedem Bereich der passende pH-Wert herrscht. So sollte beispielsweise das Blut einen anderen pH-Wert aufweisen als der Magen. Die gute Nachricht lautet: Wenn wir uns ausgewogen und abwechslungsreich ernähren, ausreichend bewegen, regelmäßig Zeiten der Entspannung und Erholung in den Alltag einbauen und nach Möglichkeit Umweltbelastungen meiden, brauchen wir uns keine Gedanken über ein Ungleichgewicht von Säuren und Basen in unserem Körper zu machen. Haben die Medienberichte Sie verunsichert und Sie tatsächlich das Gefühl, dass bei Ihnen eine chronische Übersäuerung vorliegt, sollten Sie mit Ihrem Arzt darüber sprechen. Die in Apotheken erhältlichen Haut- und Urintests sind umstritten und können nur eine mögliche Tendenz erfassen, denn sowohl der Urin als auch die Haut sind naturgemäß leicht sauer. Auf eigene Faust zu agieren und täglich auf Verdacht Basenpulver und -tabletten zu konsumieren, erleichtert nur Ihren Geldbeutel.

TIPP

Manche Menschen fühlen sich trotz ausreichender Aufnahme an Nahrung selbst nach einer Mahlzeit immer noch hungrig. Achtung, wenn das auf Sie zutrifft: Wenn das Essen eine vermeintliche Leere nicht füllen kann, ist es vielleicht Ihre Seele, die mehr Nahrung und liebevolle Zuwendung braucht. Schauen Sie also, was Sie sich spontan, aber auch langfristig Gutes tun können und was genau die Ursache für Ihr Verhalten ist. Viele Menschen essen aus Frust bzw. Langeweile oder versuchen, auf diese Weise unangenehme Gefühle zu unterdrücken.

Körperliche Aktivität

Bewegung sorgt nicht nur für ein niedrigeres Gewicht und für Wohlbefinden, sondern reduziert auch Krankheitsrisiken. Empfehlungen der WHO zufolge sollten Erwachsene im Alter von 18 bis 64 Jahren wöchentlich ein Mindestmaß an moderatem Ausdauertraining im Bereich von 150 Minuten oder 75 Minuten intensiver körperlicher Tätigkeit absolvieren. Um die Gesundheit tatsächlich zu fördern, wird weitaus mehr, nämlich das Doppelte, empfohlen und neben dem Training der Ausdauer zweimal pro Woche Krafttraining. Laut vieler Sportwissenschaftler sollte zusätzlich ein Koordinations-, Balance- und Flexibilitätstraining erfolgen. Grund dafür ist, dass die Anforderungen an unsere Körpersinne, die hauptsächlich über Bewegung trainiert werden, in der digitalen Welt abnehmen.

„Wer nicht jeden Tag etwas Zeit für seine Gesundheit aufbringt, muss eines Tages sehr viel Zeit für die Krankheit opfern."

SEBASTIAN KNEIPP (1821–1897)
NATURHEILKUNDLER UND HYDROTHERAPEUT

Unterschiedliche Trainingsformen

Beim Ausdauertraining handelt es sich um ein moderates Herz-Kreislauf-Training wie beim Walken, Joggen, Radfahren oder Schwimmen im Bereich von 60 bis 75 Prozent der maximalen Herzfrequenz. Ihre individuelle Ober- und Untergrenze der gewünschten Belastung können Sie wie folgt bestimmen:

- 220 – Lebensalter in Jahren = maximale Herzfrequenz
- Maximale Herzfrequenz × 0,6 = Untergrenze der gewünschten Belastung
- Maximale Herzfrequenz × 0,75 = Obergrenze der gewünschten Belastung

Eine Pulsuhr zeigt Ihnen genau an, ob Sie im gewünschten Belastungsbereich trainieren. In den letzten Jahren hat besonders das Nordic Walking, das zügige Gehen mit Stöcken, einen Boom erfahren, und das aus gutem Grund: Walken kann eigentlich jeder sofort, ganz gleich, ob Anfänger oder Fortgeschrittener. Einzige Voraussetzung sind gute Sportschuhe, entsprechende Kleidung, (höhenverstellbare) Stöcke und eine Einweisung in die richtige Technik. Je nachdem, wie intensiv die Stöcke zum Einsatz kommen, aktiviert das Walken 10 bis 20 Prozent mehr Muskelmasse als ohne Stock und trainiert neben der Gesäß- und Beinmuskulatur vermehrt den Rumpf, was Rückenbeschwerden vorbeugen kann. Insgesamt aktiviert das Nordic Walking rund 85 Prozent der Körpermuskulatur, was enorm viel ist. Außerdem wirkt sich diese Sportart positiv auf zahlreiche Aspekte, wie Ausdauer, Körperfettanteil (Gewicht), Blutdruck, Knochendichte, Blutfette und Blutzucker, Herzfrequenz und die Fähigkeit des Organismus, Sauerstoff aufzunehmen, aus. Regelmäßig ausgeübt, aktiviert das Training den Parasympathikus, der für die Entspannung zuständig ist. Es hat ebenfalls, vermutlich durch die Interaktion mit der Natur, einen positiven Einfluss auf unsere Seele. Mittlerweile wird Nordic Walking als Ganzkörpertraining gern auch in Gruppen durchgeführt und dabei mit Achtsamkeitsübungen kombiniert.

TIPP Wenn Sie sich wirklich etwas Gutes tun wollen, dann bitte mit Bedacht: Sollten Sie zu den Joggern oder Walkern gehören, empfehle ich Ihnen, Ihre Lauf- bzw. Gehstrecke und den Zeitpunkt des Trainings auf den Prüfstand zu stellen. Eine Strecke an einer viel befahrenen Straße oder Autobahn ist ebenso fragwürdig wie eine im Kern einer Großstadt, besonders zu Zeiten der Rushhour. Die Abgase inklusive Feinstaub können dem Körper schaden, sie können die Herzkranzgefäße schädigen und das Herz schwächen. Wenn Ihre innere Uhr es zulässt, führen Sie Ihr Work-out morgens vor der Stoßzeit durch. Und wenn möglich, gehen Sie in einen Park, einen Grüngürtel oder in den Wald und nutzen dort den weichen Boden als Untergrund statt harten Asphalt, Ihre Gelenke werden es Ihnen danken.

Kraft   Wenn es um die Kraft geht, können Sie zum einen in eine Fitness-
anlage gehen, sich einen Trainingsplan nach Ihren Bedürfnissen
und Wünschen zusammenstellen und sich in die Geräte einweisen
lassen. Als Basis gilt ein Übungsprogramm für alle Hauptmuskel-
gruppen wie Brust, Bauch, Schultern/Arme, Rücken/Rumpf, Ge-
säß/Beine im Umfang von insgesamt zwei bis drei Runden mit
einer Wiederholungszahl von 15 bis 20 Übungen. Zum anderen
können Sie jederzeit simpel und effektiv Krafttraining mit dem
eigenen Körpergewicht betreiben. Dazu zählen z. B. Kniebeugen,
seitliches Beinheben oder Liegestütze am Boden oder an der
Wand. Nicht zuletzt ist eine Vielfalt an preiswerten und sinnvollen
Hilfsmitteln wie Kleinhanteln, Bändern oder Tubes erhältlich,
die Ihr Eigengewicht und den Widerstand steigern, mit dem Sie
trainieren. Häufig liegen den Kleingeräten hilfreiche Abbildungen
bei, die die Trainingsmöglichkeiten verdeutlichen. Wollen Sie sich
ein Repertoire selbst zusammenstellen und wissen, worauf Sie
bei der Ausführung achten sollten, dann nur zu. Wenn dies jedoch nicht der Fall ist, dann buchen Sie für den Anfang einen
Coach, der Sie anleitet, oder kaufen Sie sich ein gutes Trainings-
buch zu diesem Thema.

Bereits ab dem 30. Lebensjahr kehrt sich der Prozess des Muskel-
aufbaus biologisch gesehen um. Das bedeutet im Klartext, dass wir
pro Jahr bis zu ein Prozent Muskelmasse abbauen, wenn wir nicht
gezielt gegensteuern. Dabei werden die Muskeln nach und nach
in Fett umgewandelt und die Kraft und die körperliche Leistungsfähigkeit sinken. Ab einem Alter von 50 Jahren werden wir anfälli-
ger für Knochenbrüche und Stürze. Ohne Sport büßt ein Mensch
bis zu seinem 80. Lebensjahr bis zu 40 Prozent seiner Muskelmasse ein – mit Folgen für den ganzen Organismus. Denn das bedeutet auch, dass der Stoffwechsel und der tägliche Energieverbrauch
heruntergefahren werden. Der Lebensstil von Couch-Potatos (auf
dem Sofa liegen und Chips essen) beschleunigt diese Entwicklung
zusehends, egal in welchem Alter. Durch regelmäßiges Krafttraining jedoch lässt sich dieser Prozess aufhalten und sogar umkehren. Allerdings muss man sich dafür schon ordentlich ins Zeug legen. Am besten fragen Sie einen erfahrenen Fitnessexperten um

Rat, lassen Ihren Body-Mass-Index (BMI) bestimmen und passen Ihren Trainingsplan regelmäßig ein wenig an, weil der Körper unterschiedliche Reize braucht und von einer ausgewogenen Vielfalt an Übungen profitiert.

Beim Balancetraining handelt es sich um Gleichgewichtsübungen, die auf einem instabilen Untergrund, wie z. B. einer weichen Bodenmatte oder einem Kreisel, stattfinden können. Alternativ können Sie sich auf ein Bein stellen und die Arme in alle Richtungen bewegen, um sich aus dem Lot zu bringen. So schulen Sie Ihr Koordinationssystem, was besonders im Alter zu einer wertvollen Sturzprophylaxe gehört. Das Flexibilitätstraining dagegen steigert Ihre Dehnfähigkeit. Im bewegungsarmen Alltag schöpfen wir die Beweglichkeit unserer Gelenke meist nicht vollständig aus. Das hat fatale Folgen für unseren Körper, denn dadurch erhöht sich die Spannung der Muskulatur über das Normalmaß, es kommt also zu Verspannungen, die Faszien verfilzen und verkürzen. Damit sind Bewegungseinschränkungen in den Gelenken vorprogrammiert, unsere Flexibilität schwindet. An Faszien herrscht seit einigen Jahren aufgrund neuer wissenschaftlicher Erkenntnisse großes Interesse. Sie sind Bindegewebshäute, die alle Körperstrukturen umhüllen und miteinander vernetzen. Damit sorgen Faszien für die Form und Stabilität des Körpers. Sie spielen eine Schlüsselrolle bei der Bewegungskoordination und sind maßgeblich an der Speicherung von Bewegungsimpulsen beteiligt. Da sich in den Faszien Sensoren der Tiefensensibilität befinden, wird dieses „Wunder"-Netzwerk des Körpers von Forschern als ein weiteres Sinnesorgan bezeichnet. Leider können Faszien durch schlechte Ernährung, Bewegungsmangel und Stress negativ beeinflusst werden. Wie Sie da gegensteuern, haben wir bereits besprochen. Was Sie aber noch zusätzlich tun können, um auch im Alter die Flexibilität nicht zu verlieren und sich wohlzufühlen, ist eine Massage mit einer Faszienrolle. Achten Sie beim Einkauf auf die unterschiedlichen Härtegrade und starten Sie am besten nicht gleich mit der härtesten Rolle. Von den verschiedenen Formen und Farben der Rollen sollten Sie sich nicht verwirren lassen. Grund-

Balance und Flexibilität

sätzlich gilt: Glatte Rollen wirken flächiger auf das Gewebe, strukturierte punktueller. Testen Sie verschiedene Rollen aus, welche Ihnen besser gefällt. Das ist erfahrungsgemäß auch von der individuellen Tagesform und demzufolge dem Spannungsgrad der Muskulatur abhängig.

Bei der Massage wird die Rolle langsam und mit einem sanften bis mittelmäßigen Druck wie eine Teigrolle über den Muskel, z. B. den äußeren Oberschenkelmuskel, gerollt. Alternativ setzt oder legt man sich auf die Rolle, um so den Körper beim Rollvorgang einzusetzen. Der Atem fließt ruhig und entspannt. Bei der Stimulation des Gewebes kann an stark „verklebten" Stellen ein etwas unangenehmer Schmerz entstehen, unter dem Sie sich in der Regel noch gut entspannen können. Ziel und Zweck der Rollmassage ist die Verbesserung der Durchblutung und damit des Stoffwechsels der bearbeiteten Gewebe. Spannungs- und Schmerzreduktion sowie die Steigerung der Dehnfähigkeit sind wertvolle Nebeneffekte, die sich nach der Rollmassage einstellen. Ich kann Ihnen diese Form des Trainings nur wärmstens empfehlen, sie gehört auch zu meiner täglichen Routine. Bitte bei Krampfadern und akuten Beschwerden zuvor den Rat Ihres Arztes einholen.

WISSENSWERTES

Schmerzen und Arthrose, also Gelenkverschleiß, entstehen aufgrund von schlechter Ernährung, muskulärer Spannung und Faszienverkürzungen. Dadurch werden Gelenkknorpel und/oder Bandscheiben überlastet, sie verschleißen und degenerieren. Die Faszien verfilzen, während sich Nährstoffe und Stoffwechselschlacke in der Zwischenzellflüssigkeit stauen und zu einer Übersäuerung der Zellen führen. Durch regelmäßige Bewegung und Nutzung unserer Gelenkwinkel, indem wir die Beweglichkeit der Gelenke maximal ausschöpfen, können wir die Negativspirale nicht nur stoppen, sondern häufig auch umkehren.

Gute Nachricht für
Bewegungsmuffel
und Workaholics

In einer aktuellen Studie fanden britische Wissenschaftler heraus, dass auch die sogenannten *weekend warriors*, die lediglich ein- bis zweimal in der Woche (der Bezeichnung nach meist am

Wochenende) trainieren, sowohl das Gesamtsterblichkeitsrisiko als auch das Sterblichkeitsrisiko durch Krebs- und/oder Herz-Kreislauf-Erkrankungen reduzieren konnten. Anscheinend profitieren auch Menschen von körperlicher Aktivität, wenn sie nicht täglich in Bewegung sind. Diese Erkenntnis sollte Sie jedoch nicht davon abhalten, täglich Zeit in eine Bewegungseinheit zu investieren.

Bewegungsmangel schadet dem Gehirn

Unser Körper ist seit der Urzeit biologisch auf Bewegung programmiert. Wir brauchen Bewegung wie die Luft zum Atmen. Zwar gehen wir heute nicht mehr auf die Jagd, denn der Supermarkt um die Ecke und das Auto in der Garage schaffen uns andere Möglichkeiten, trotzdem brauchen wir Bewegung mehr denn je, um dauerhaft leistungsfähig und gesund zu bleiben. Gelingt es uns nicht, mit unserem evolutionären Erbe in Einklang zu leben, werden wir krank. Manchmal müssen wir unseren inneren Schweinehund überwinden, um in Bewegung zu kommen, aber nach dem Training fühlen wir uns wieder wohl.

Aber der Mangel an Bewegung schadet auch unserem Gehirn, es schrumpft dadurch. Es reagiert im Grunde genau wie Muskeln: Bei Beanspruchung wird es besser durchblutet und seine Funktionstüchtigkeit steigert sich, bei Bewegungsarmut schwindet sie. Dabei werden Hirnareale für Motorik und abstraktes Denken immer gleichzeitig aktiviert. Es lässt sich beobachten, dass die Konzentrationsfähigkeit, die Kreativität und die Fähigkeit zum abstrakten Denken noch lange nach der Fitnesseinheit anhalten. Körperliche Aktivität erhöht die Ausschüttung wichtiger und für Emotionen und Gedanken relevanter Neurotransmitter. Dazu gehören das stimmungsaufhellende Serotonin, das aufmerksamkeitsfördernde Noradrenalin und das für kognitive Prozesse benötigte Dopamin. Bewegung hat daher einen immensen Einfluss nicht nur auf zahlreiche Körperfunktionen, sondern auch auf unsere Stimmung.

Auch die Demenz- und Alzheimer-Forschung haben in den letzten Jahren enorme Fortschritte gemacht und den Faktor Bewegung in diesem Zusammenhang ebenfalls untersucht. Insbesondere im Frühstadium können Erkrankte von Bewegung profitieren; zum Teil werden fortschreitende Prozesse aufgehalten. Eine Studie des australischen Sportwissenschaftlers Dr. Yorgi Mavros zeigt z. B., dass ältere Menschen mit leichten kognitiven Beeinträchtigungen ihre Gehirnfunktion durch Muskelaufbau, also Krafttraining, stärken können.

WISSENSWERTES

Die Forschergruppe um Livingston (Livingston et al., 2017) schätzt, dass über ein Drittel aller weltweiten Demenzerkrankungen durch eine Änderung folgender Risikofaktoren vermeidbar sind: mangelnde Bildung in der frühen Lebensphase, Fettleibigkeit und hoher Blutdruck oder Hörverlust im mittleren Alter sowie soziale Isolation, Diabetes, Rauchen, Bewegungsmangel und Depression im hohen Alter.

Krebsvorsorge

Bewegung beugt Krebs vor

Laut vigo Spezial, dem Wissensmagazin der AOK Rheinland/Hamburg, sind über 50 Prozent der weltweiten Krebsfälle, das sind jährlich 2,4 bis 3,7 Millionen Todesfälle, durch eine gesündere Lebensweise vermeidbar. In einer umfassenden Studie mit 1,4 Millionen Menschen aus Europa und den USA wurde untersucht, wie sich Sport auf Krebs auswirkt. Bei 13 von 26 untersuchten Krebsarten fanden die US-amerikanischen Forscherinnen und Forscher um Steven C. Moore einen Zusammenhang zwischen regelmäßigem Sport und sinkendem Krebsrisiko. Wissenschaftler sind sogar in der Lage, dieses Risiko prozentual in Bezug auf die jeweilige Krebsart zu benennen. So lässt sich das Risiko von Darmkrebs z. B. um 16 Prozent, von Lungenkrebs um 26 Prozent und von Speiseröhrenkrebs sogar um 42 Prozent durch sportliche Aktivität senken. Wenn das mal nicht eine gute Nachricht ist und motiviert, im Alltag regelmäßigen Sport zu machen!

Dank moderner Untersuchungsmethoden wissen wir, dass Bewegung sowohl in der Akutphase als auch in der Phase der Nachsorge für Krebspatienten eine wichtige Rolle spielt. Dabei geht es nicht nur um sanftes Ausdauertraining im Sinne z. B. eines Walkings, sondern auch um moderates Krafttraining. Beides sorgt dafür, dass Muskelkraft und Lebensmut erhalten bleiben, und mildert häufig die negativen Nebenwirkungen der Therapie, wie z. B. das Erschöpfungssyndrom. Auch die positive Erfahrung von Yoga ist in diesem Zusammenhang wichtig, denn sie stärkt die Selbstwirksamkeit und zeigt Wege und Möglichkeiten auf, gut für sich selbst zu sorgen.

Vorsorge lohnt sich immer mehr als Nachsorge. Denn laut der Deutschen Krebsgesellschaft steckt nur zu einem geringen Prozentsatz eine angeborene Veranlagung dahinter (fünf bis zehn Prozent aller Krebsfälle sind ausschließlich erblich bedingt.) In den meisten Fällen (90 bis 95 Prozent) entsteht die Erkrankung durch eine Kombination aus erblichen Faktoren, äußeren Umwelteinflüssen und/oder als Folge einer ungesunden Lebensführung, wie Rauchen, zu viel Alkohol, starkes Übergewicht und falsche Ernährung. Sorgen Sie also gut für sich und nutzen Sie regelmäßig die Vorsorgeuntersuchungen, und das nicht nur in Bezug auf das Krebsrisiko. Eine Studie von Neil Mehta und Mikko Myrskylä von 2017 belegt, dass Menschen, die nicht rauchen, nur mäßig Alkohol konsumieren und normalgewichtig sind, eine um sieben Jahre höhere Lebenserwartung haben als der Durchschnitt der Bevölkerung. Gleichzeitig verzögert sich ihre körperliche Beeinträchtigung im Alter deutlich um mehrere Jahre. Ist es nicht das, was sich die meisten von uns wünschen – mehr Lebenszeit mit mehr Lebensqualität?

Trainingsplanung

Jeder Mensch ist bezüglich seiner Statik, seines Bewegungsverhaltens und seiner genetischen Konstitution individuell und hat somit auch bei Sport und Bewegung spezifische Bedürfnisse. Es gibt allerdings keinen Menschen, der keine Bewegung bräuchte. Menschen, die viel sitzen, benötigen einen Ausgleich durch Ausdauertraining, Kräftigung der rumpfstabilisierenden Muskulatur und Dehnung aufgrund verkürzter Muskeln und Faszien. Personen, die sich dagegen im Berufsleben viel bewegen oder von Natur aus flexibel sind, sollten wiederum mehr an ihrer Stabilität arbeiten und weniger an der Dehnfähigkeit. Häufig fangen wir allerdings genau da an, wo unsere Stärken sind, und vernachlässigen oft die Bereiche, wo unsere Defizite liegen. Schauen Sie also genau hin und machen sich einen konkreten Übungs- und Zeitplan.

. . . .

ÜBUNG **Aktivitätsbedürfnis-Kuchen**

Wo liegen Ihre persönlichen Defizite? Lassen Sie Ihren Alltag Revue passieren, und zeichnen Sie einen Kreis, der einen Kuchen darstellen soll. Teilen Sie die Stücke Ihren Bedürfnissen entsprechend groß auf und machen Sie Prozentangaben. Wie groß fällt das Stück für Herz-Kreislauf-Training aus, wie dagegen das für Kraft, und schließlich wie groß bleibt das Kuchenstück für Balance, Koordination und Flexibilität? Was davon brauchen Sie zum Ausgleich am dringendsten, was dagegen spielt eine eher untergeordnete Rolle?

Bedenken Sie, dass insbesondere beim Mannschaftssport wie Basketball nicht nur Ausdauer, sondern auch Koordination eine große Rolle spielt. Vielleicht müssen Sie also nicht jeden Bereich separat abdecken. Andererseits hängt es auch von Ihrem persönlichen Ehrgeiz ab, ob Sie Ihre Leistung steigern wollen. Nach diesem Motto wären Koordinations- und Lauftraining eine super Sache, um Sie auf die Basketballsaison vorzubereiten ...

Und falls Sie am Anfang stehen und nicht recht wissen, mit welchem Sport Sie starten sollen, beantworten Sie folgende Fragen:

1. Bin ich am liebsten in einem Team aktiv oder eher als Einzelkämpfer?

   ☐ Team   ☐ Einzelkämpfer

2. Brauche ich einen Partner, der mich mitzieht und motiviert, oder
   möchte ich lieber flexibel bleiben und Absprachen mit einer anderen
   Person vermeiden?

   ☐ Partner   ☐ Kein Partner

Natürlich steht es Ihnen frei, dies zu kombinieren. Sie können z. B. zweimal in der Woche alleine ins Fitnessstudio gehen und am Wochenende
mit Ihrem (Lebens- oder Ehe-)Partner joggen oder walken.

3. Ist eine Bewegungsform in der Natur für mich wichtig oder darf
   es auch ein Indoortraining sein?

   ☐ Outdoor   ☐ Indoor

4. Welche Trainingsmöglichkeiten bieten sich mir in meiner Umgebung,
   um lästige Fahrzeiten nach Feierabend zu vermeiden?

   _____

   _____

5. Was für eine Sportart habe ich in der Vergangenheit bereits auspro-
   biert und was hat mir besonderen Spaß gemacht? Welche Form davon
   entspricht meinen aktuellen Bedürfnissen?

   _____

   _____

   _____

   . . . .

Bedürfnisse ändern sich, nicht nur mit dem Alter, sondern auch mit der Umgebung, den Menschen, denen wir begegnen, oder unseren Gewohnheiten. Auch unsere gesundheitliche Situation kann sich verändern und entscheidend dazu beitragen, dass wir bestimmten Vorlieben oder Bewegungsformen nicht mehr nachgehen können. Denken Sie dabei nur an einen leidenschaftlichen Fußballer, der nach mehreren Kreuzbandrissen oder aufgrund eines massiven Knorpelschadens das Feld räumen muss.

Tasten Sie sich mit solchen Fragen immer mehr zum Ziel vor, bis Sie am Ende eine Auswahl von maximal drei Sportangeboten vorliegen haben. Entscheiden Sie sich für eine Sportart und beginnen Sie gleich in der nächsten Woche mit einer Schnuppereinheit.

Im nächsten Schritt folgt die zeitliche Planung: Wie lässt sich Ihr Lieblingssport in der Woche unterbringen und worauf müssen Sie dafür unter Umständen verzichten? Gehen Sie systematisch vor, und tragen Sie am Tag der geplanten Sporteinheit den genauen Zeitrahmen, der Ihnen zur Verfügung steht, ein.

Montag _____

Dienstag _____

Mittwoch _____

Donnerstag _____

Freitag _____

Samstag _____

Sonntag _____

Falls Sie ein Bewegungsmuffel sind oder zu den Menschen gehören, deren Haupttätigkeit das Sitzen ist, habe ich eine geniale Idee: Schaffen Sie sich ein hochwertiges Trampolin an! Schwingen oder Springen auf einem Trampolin ist nicht nur gelenkschonend, sondern hat viele gesundheitliche Vorteile. Es ist für jedes Alter geeignet und Ihre sportliche Betätigung ist von der Jahres- und Tageszeit unabhängig. Sie müssen sich nicht großartig umziehen oder Laufschuhe aus dem Schrank holen. Es reicht, sich barfuß oder mit rutschfesten Socken auf das Trampolin zu stellen und loszulegen – übrigens auch mal zwischendurch, bevor Ihnen der Rücken oder der Hintern vom vielen Sitzen wehtut. Im Büro können Sie sich ein Trampolin sogar mit anderen teilen. Berücksichtigen Sie dabei die Sicherheitsregeln, fangen Sie langsam an, und achten Sie darauf, wie wohl sich ihr Körper dabei fühlt.

Rückenfitness und Ergonomie im Büro

In den reichen Industrienationen gehören Rückenbeschwerden seit Langem zu den verbreitetsten Zivilisationskrankheiten. Laut des Gesundheitsreports 2017 der DAK verursachen Muskel-Skelett-Erkrankungen die meisten Fehltage bei Beschäftigten in Deutschland. Dabei zählen Rückenschmerzen zu den häufigsten, kostenintensivsten und leider auch zu den medizinisch ungelösten Problemen. Das Ausmaß des volkswirtschaftlichen Schadens ist immens, denn für die Krankenkassen und die Wirtschaft entstehen Jahr für Jahr hohe Kosten. Für die Betroffenen ist es oft ein langes Leiden, das mit zahlreichen Einschränkungen im Alltag verbunden ist. Dabei lassen sich viele Rückenbeschwerden vermeiden, weil sie die Folge ungünstigen Alltagsverhaltens sind. Die Lösung lautet: weniger sitzen, mehr Bewegung und ergonomische Grundsätze am Arbeitsplatz und in der Freizeit beachten. Forscher benennen Sitzen inzwischen als ein eigenständiges Gesundheitsrisiko und warnen davor, dass unsere Kinder den ungesunden Lebensstil kopieren.

Rückengesundheit

Sitz- und Bewegungsprotokoll

Machen Sie sich bewusst, wie viel Zeit Sie innerhalb von 24 Stunden im Durchschnitt im Sitzen und wie viel in Bewegung verbringen. Gehen Sie dazu gedanklich den Tag und die Nacht durch und erstellen Sie ein Protokoll. Dabei geht es nicht nur um die reine (Büro-)Arbeitszeit, sondern auch um das Sitzen am Esstisch, im Auto, in öffentlichen Verkehrsmitteln oder vor dem Fernseher, ebenso wie um die Zeit beim Einkaufen oder bei der Gartenarbeit. Können Sie die Zeit, die Sie sitzend verbringen, tatsächlich durch Bewegung ausgleichen? Rechnen Sie durchschnittlich mit mindestens einer Stunde Bewegung am Tag bei maximal drei Stunden im Sitzen. Wenn Sie eher einen „bewegten" Job haben, dann sind Sie in diesem Punkt klar im Vorteil und schützen ganz nebenbei Ihre Gesundheit.

BEISPIEL *Dagmar (49 Jahre), Steuerfachangestellte:*
8 Stunden Schlaf
12 Stunden Sitzen (davon 8 im Büro, jeweils 30 Minuten Autofahrt hin und zurück, 3 × 20 Minuten bei den Hauptmahlzeiten plus 2 Stunden abends am Fernseher)
4 Stunden Bewegung (davon 1 Stunde Hausputz und Kochen, 1 Stunde Gartenarbeit und Hobby, 1 Stunde Einkauf und andere Erledigungen und 1 Stunde Walken)

Fazit: Dagmar sitzt viel, doch schafft sie einen Ausgleich durch Alltagsaktivitäten und eine Sporteinheit täglich.

Jetzt sind Sie an der Reihe:

_____

_____

_____

_____

Fazit:

_____

_____

_____

_____

· ·

Anatomie und Physiologie der Wirbelsäule

Unser Rücken ist ein Wunderwerk der Natur, das Sie unbedingt
näher kennenlernen sollten. Das knöcherne Gerüst unserer Wirbelsäule wird von 33 Wirbeln gebildet: sieben Hals-, zwölf Brust-
und fünf Lendenwirbeln; neun Wirbel sind am unteren Ende der
Wirbelsäule zum Kreuzbein und Steißbein zusammengewach-
sen. Jeder Wirbel besteht zum einen aus einem Wirbelkörper und
einem Bogen, die zusammen den Wirbelkanal bilden, in dem das
Rückenmark mit den Nerven verläuft, zum anderen aus einem
knöchernen Dornfortsatz, den Sie mit ein bisschen Fingerspitzen-
gefühl entlang des Rückens als Vorsprung unter der Haut tasten
können. Darüber hinaus setzt an den zwei knöchernen Querfort-
sätzen die Rückenmuskulatur an. Die einzelnen Wirbel sind über
Gelenke miteinander verbunden. Diese halten die Wirbelsäule zusammen und ermöglichen zugleich Bewegung. Die Bandscheiben,
die zwischen den Wirbelkörpern liegen, wirken wie Stoßdämp-
fer und schützen die Wirbelsäule wie ein Puffer vor Druckbelas-
tung. Sie bestehen aus einem robusten Faserring aus elastischem
Gewebe. In seiner Mitte befindet sich ein gallertartiger Kern, der
bei Bewegung hin und her gleitet. Die Bandscheibe lebt von der
Bewegung. Bei Belastung wird Flüssigkeit aus ihr herausgepresst,
bei Entlastung saugt sie sich wie ein Schwamm mit Flüssigkeit
und Nährstoffen voll. Dabei lässt sich durch Druckmessungen
an den Bandscheiben belegen, dass Liegen in Rückenlage die

Bandscheiben entlastet, Stehen dagegen mit etwa vierfach größerem Druck verbunden ist und Sitzen die Bandscheiben noch weitaus mehr belastet. Auch das Heben und Tragen schwerer Lasten ist mit erheblichem Druck auf die Bandscheiben verbunden, aber dazu später mehr.

Von der Seite betrachtet bildet die Wirbelsäule eine doppelte S-Form. Seitliche Biegungen der Wirbelsäule (von vorn betrachtet) weisen auf eine Fehlbelastung oder eine angeborene Fehlstellung hin, die – je nach Ausprägung – nicht zwangsläufig mit Beschwerden einhergehen muss. Vielleicht haben Sie bereits Auffälligkeiten an Ihrer Haltung beobachtet, wie z. B. eine unterschiedliche Höhe der Schultern, einen leichten Beckenschiefstand (meistens an der Mehrbelastung eines Beins zu erkennen) oder verschiedenen große Taillendreiecke (Raum zwischen Arm und Taille). Genau diese Anhaltspunkte werden in der Regel vom Orthopäden und Physiotherapeuten untersucht. Auch die Gesundheit unserer Füße, wie die Ausprägung des Fußgewölbes, als Basis unserer Körperhaltung bietet wertvolle Hilfestellung auf der Suche nach Ursachen für Beschwerden.

Stabilität der Wirbelsäule Ihre Stabilität bekommt die Wirbelsäule durch die Muskulatur. Dabei spielen Rückenmuskeln ebenso wie Bauch- und Brustmuskeln eine entscheidende Rolle. Auch die Gesäßmuskulatur trägt zur Aufrichtung des Beckens bei. Wie bereits erwähnt lässt bei wenig Bewegung und vielem Sitzen die Kraft der stabilisierenden Muskulatur nach. Es kommt zu Muskelverkürzungen besonders im Brust- und Hüftbereich. Um dem gezielt entgegenzuwirken, muss das gesamte Muskelkorsett gekräftigt und zusätzlich müssen besonders die Brustmuskulatur und der Hüftbeuger gedehnt werden.

Verbringen Sie die meiste Zeit des Tages im Sitzen, sollten Sie regelmäßig folgende kleine Bewegungspausen einbauen:

1. Lockern Sie Ihren Schulter-Nacken-Bereich durch langsames Schulter-kreisen und – gerade bei Verspannungen – vorsichtiges seitliches Neigen und Drehen Ihres Kopfes.

2. Stehen Sie auf und strecken und recken Sie sich. Bewegen Sie dabei Ihre Wirbelsäule in alle Bewegungsrichtungen: Beugung und Streckung, Neigung und Drehung nach rechts und links (siehe auch MindCu® unter dem Stichwort „Wirbelsäule").

3. Bewegen Sie zunächst Ihre Hände und Finger, und breiten Sie dann in Schulterhöhe Ihre Arme weit aus und führen Sie diese nach hinten, um die Brustmuskulatur zu dehnen.

4. Gehen Sie eine gefühlte Minute im Raum auf und ab, oder rollen Sie auf der Stelle bewusst die Füße ab, um den Kreislauf zu aktivieren.

5. Stellen Sie sich aufrecht hin und halten Sie sich mit der linken Hand an der Stuhllehne fest. Dann führen Sie mit der rechten Hand die rechte Ferse in Richtung Gesäß. Dabei zeigt der Oberschenkel senk-recht nach unten und die Leiste öffnet sich. Damit dehnen Sie den Hüftbeuger und die Oberschenkelmuskulatur. Nach 20 bis 30 Sekun-den die Seite wechseln.

6. Abschließend stellen Sie die Ferse vorne auf, lassen dabei das Knie gestreckt und bringen das Gesäß bei geradem Rücken nach hinten unten. Hier entsteht eine Dehnung der Beinrückseite, die Sie deutlich spüren werden. Falls nicht, dann ziehen Sie Ihren Fuß und die Zehen noch mehr in Richtung Nase. Auch hier den Seitenwechsel nicht vergessen.

Wenn wir auf unser Smartphone starren, was wir im Durchschnitt etwa drei Stunden am Tag tun, wird der Kopf um etwa 40 bis 60 Grad nach vorne geneigt. Dies führt dazu, dass die Bandscheiben vorne gequetscht und nach hinten hin herausgedrückt werden. Kurzfristig ist das kein Problem, langfristig führt diese Bewegung zu heftigen Muskelverspannungen, wenn auch nicht zwangsläufig zu Bandscheibenvorfällen. Sollten Sie sich also wundern, weshalb Ihr Schulter-Nacken-Bereich so heftig schmerzt, könnte es durchaus an Ihrer Kopfhaltung beim Schauen auf Ihr Smartphone liegen. Versuchen Sie, dies zu ändern, indem Sie Ihren Kopf mehr aufrichten, Ihr Smartphone öfter auf Augenhöhe halten und Ihre Schultern bewusst senken. Und schaffen Sie mit den genannten Übungen einen Ausgleich durch gezielte Bewegung und Lockerung.

Unsere Füße und ihre Muskulatur sind für unsere Haltung wichtig und sollten daher nicht vernachlässigt werden. Im Laufe des Lebens macht ein Mensch im Durchschnitt 200 Millionen Schritte. Das entspricht etwa drei Erdumrundungen. Sie fragen sich, wie Sie am einfachsten Ihre Fußmuskulatur trainieren? Laufen Sie häufiger barfuß, daheim und im Freien.

Mit zunehmendem Alter nimmt die Fähigkeit der Bandscheiben, Flüssigkeit zu speichern, ab und sie verlieren damit an Elastizität. Durch den altersbedingten Verschleiß und dauerhafte Über- oder Fehlbelastung kann es zu chronischen Beschwerden oder im Akutfall zu einem Bandscheibenvorfall kommen. Bei Letzterem wölbt sich ein Teil der Bandscheibe nach hinten oder seitlich in den Wirbelkanal vor und drückt unter Umständen auf das Rückenmark. Schmerzen, Empfindungsstörungen und Kraftverlust betroffener Muskeln können die Folge sein. Je schneller Sie dann einen Spezialisten aufsuchen, desto besser. Mit etwas Disziplin, einer entsprechenden Bewegungstherapie und Rückenschule sind die Erfolgsaussichten auf Genesung groß. Wägen Sie das Risiko einer Wirbelsäule-OP mit Bedacht ab, denn ein solcher Eingriff ist häufig mit Nebenwirkungen verbunden.

Wie immer ist Prävention das beste Mittel, sich leidige Schmerzen zu ersparen, die auch beim Heben und Tragen entstehen können. Mit folgenden wertvollen Tipps fällt das Heben schwerer Gegenstände leichter:

So heben Sie richtig: Stellen Sie sich möglichst nah an den zu hebenden Gegenstand. Schieben Sie beim Tiefgehen zuerst Ihr Gesäß nach hinten. Lassen Sie Ihren Rücken gerade und Ihre Halswirbelsäule neutral. Spannen Sie beim Anheben Ihre Bauch- und Beckenbodenmuskulatur an. Richten Sie zuerst den Rücken auf und strecken Sie dann Ihre Knie.

So tragen Sie richtig: Tragen Sie den Gegenstand möglichst nah am Körper und verteilen Sie die Last auf beide Arme. Vermeiden Sie beim Heben und beim Tragen das Krümmen und das Verdrehen Ihrer Wirbelsäule. Setzen Sie den Gegenstand wieder rückengerecht ab, indem Sie Ihre Hüft- und Kniegelenke beugen und Ihren Rücken gerade lassen. Beim Transport von besonders schweren Gegenständen bitten Sie andere um Unterstützung, denn geteilte Last ist halbe Last.

Bei Rückenbeschwerden lässt sich oft die Quelle für den Schmerz ausmachen, auch wenn dadurch noch längst nicht bewiesen ist, dass der Schmerz unmittelbar dadurch entsteht. Weitaus häufiger sind unspezifische Rückenschmerzen, bei denen es sich diagnostisch nicht nachweisen lässt, woher die Beschwerden genau kommen, weil keine körperliche Ursache gefunden werden kann. Tatsächlich können seelische Belastungen bei Rückenschmerzen eine große Rolle spielen. Wie der Volksmund sagt, sitzt uns etwas im Nacken oder lastet auf unseren Schultern, außerdem hat jeder sein Kreuz oder eine schwere Last zu tragen. Hier ist es sinnvoll, genauer hinzuschauen und zu handeln, bevor sich Stress, Überforderung oder ein Trauma in Rückenschmerzen manifestiert. Außerdem werden Schmerzen von Menschen, deren Allgemeinbefinden schlecht ist, weil sie erschöpft, depressiv oder gestresst sind, deutlich stärker empfunden als von Menschen, denen es nach eigenen Angaben gut geht. Es gibt auch einen dritten Bereich, wo Menschen nachweisbare körperliche Rückenprobleme haben, dort aber keinen Schmerz verspüren. Ursache und Wirkung lassen sich hier nicht unmittelbar verknüpfen. Eine gründliche Ursachenforschung durch Selbstreflexion kann neben ärztlicher Abklärung viele unnötige Behandlungen samt Kosten ersparen und zur Heilung beitragen.

Ergonomie am (Heim-)Arbeitsplatz

Ergonomie ist die Lehre von der Beschaffenheit der Arbeitsmittel und -umgebung unter spezieller Berücksichtigung der Anpassung an den menschlichen Körper. Da in Zukunft das Arbeiten flexibler sein wird, werden viele Beschäftigte von unterwegs und von zu Hause aus tätig sein können. Das setzt allerdings voraus, dass Sie Ihr Homeoffice ergonomisch gestalten, um von vornherein Beschwerden durch langes Sitzen zu vermeiden. In vielen großen Betrieben sind Ergonomie-Scouts unterwegs, um die Arbeitsplätze in Bezug auf die physischen Bedürfnisse der Arbeitnehmer zu überprüfen. Daheim tragen Sie selbst die Verantwortung dafür, dass die Arbeitsmittel und Ihre Arbeitsumgebung Ihrer Tätigkeit angemessen sind. Nun sind die Themen Verhältnis- und Verhaltensergonomie ein großes Feld, das in Details auszuführen den Rahmen dieses Buches sprengen würde. Dennoch lässt sich häufig mit einigen wenigen Handgriffen vieles verbessern. Falls es sich doch herausstellt, dass ein neuer Bürostuhl oder Arbeitstisch nötig ist, empfehle ich Ihnen, sich bei der Aktion Gesunder Rücken e. V. näher über diverse Hersteller und Gütesiegel zu informieren.

Richtiger Arbeitsplatz **Ihr Büroarbeitsstuhl** sollte idealerweise wie folgt beschaffen sein:

- ☐ standsicher und fünf Auflagepunkte oder Rollen haben
- ☐ bequem um 360° drehbar, um Ihnen ausreichend Mobilität zu bieten
- ☐ in Sitzhöhe und Sitztiefe verstellbar

☐ Rückenlehne in Höhe und Neigung verstellbar und ausreichend hoch, um die Brustwirbelsäule zu unterstützen
☐ Armlehnen, falls vorhanden, individuell einstellbar

So stellen Sie Ihren Stuhl richtig ein: Die Sitzhöhe sollte so gewählt sein, dass die Oberschenkel zum Rumpf einen Winkel von 90 bis 100° bilden und beide Füße hüftbreit geöffnet flächigen Kontakt zum Boden haben. So entsteht eine Sitzposition, in der das Becken optimal gekippt werden kann, um den Rücken aufzurichten. Die stärkste Vorwärtswölbung der Rückenlehne sollte im Lendenbereich positioniert sein, um die physiologische Schwingung der Wirbelsäule zu unterstützen. Die Sitztiefe sollte den Oberschenkeln der Länge nach Halt bieten, darf jedoch nicht zum Druck in der Kniekehle führen, da sonst wichtige Gefäße abgedrückt werden und die Durchblutung der Beine behindert wird. Sind Armlehnen vorhanden, sollten diese so eingestellt sein, dass zwischen Ober- und Unterarm etwa ein rechter Winkel entsteht und die Arme in entspannter Position abgelegt werden können.

Ihr Arbeitstisch sollte folgendermaßen beschaffen sein:

☐ eine ausreichend große reflexionsarme Oberfläche bieten, um alle erforderlichen Arbeitsmittel flexibel anordnen zu können, und Ihnen gleichzeitig Bewegungsfreiheit bieten
☐ im Optimalfall höhenverstellbar sein
☐ genügend Bein- und Fußraum bieten
☐ sinnvolles Kabelmanagement ermöglichen

So richten Sie Ihren Tisch richtig ein: Die Tischhöhe ist dann richtig gewählt, wenn die oben beschriebene Sitzposition (90°-Winkel im Ellenbogen) eine Haltung zulässt, bei der die Hände bequem auf der Tischfläche abgelegt werden können. Ein zu hoher Tisch kann eventuell durch eine Fußstütze kompensiert werden. Ein zu niedriger Tisch, der den Benutzer in eine gedrungene Position zwingt, sollte erhöht oder ausgetauscht werden.

TIPP Bei einem höhenverstellbaren Tisch oder einem Tisch mit integriertem Stehpult wechseln Sie regelmäßig Ihre Haltung zwischen sitzen und stehen. Alternativ üben Sie bestimmte Tätigkeiten wie z. B. das Telefonieren im Stehen aus.

Der Computer sollte folgenden Mindestanforderungen genügen:

☐ der Bildschirm drehbar und neigbar, der Arbeitsaufgabe entsprechend groß, frei von störenden Reflexionen
☐ die Tastatur vom Bildschirm getrennt, sie hat eine matte Oberfläche
☐ die Funkmaus entsprechend groß und günstig für entspannte Handhaltung
☐ bei Bedarf Vorlagehalter einsetzen
☐ vor der Tastatur eine ausreichend große Auflagefläche für die Hände oder alternativ eine Tischlehne einsetzen, die die Haltemuskulatur im Arm und in den Schultern entlastet.

So richten Sie Ihren Computerarbeitsplatz richtig ein: Nutzen Sie den Bildschirm für Ihre Tätigkeit häufig, sollte dieser zentral im Blickfeld positioniert werden, um Verdrehungen im Nacken zu vermeiden. Der Sehabstand zum Bildschirm sollte 60 bis 70 cm betragen (entspricht dem Minimum einer Armlänge) und die Blickrichtung parallel zur Fensterfläche verlaufen. Der Blick ist leicht nach unten geneigt. Damit liegt die oberste Zeichenzeile unter der Augenhöhe. Das Eingabegerät sollte neben der Tastatur möglichst körpernah bedient werden, um unnötige Verspannungen im Schulter-Nacken-Bereich zu vermeiden.

Ihre Arbeitsumgebung sollte folgende Mindestanforderungen erfüllen:

☐ Raumbeleuchtung der Aufgabe angepasst
☐ nach Möglichkeit störende Geräuschquellen ausgeschaltet

☐ um schnelle Ermüdung oder Unwohlsein zu vermeiden, sollte die Raumtemperatur für Sie angenehm sein und in der Regel im Bereich von 21 bis 22 °C liegen

☐ relative Luftfeuchtigkeit von 50 bis 65 %

So richten Sie Ihre Arbeitsumgebung ein: Gestalten Sie Ihren Arbeitsplatz so, dass Sie sich an diesem Ort in jedem Fall wohlfühlen, sei es durch einige Pflanzen, Bilder oder persönliche Accessoires. Nutzen Sie im Bedarfsfall Jalousien als Sonnenschutz, dunkeln Sie den Raum jedoch nicht komplett ab, denn Tageslicht tut dem Körper gut und unterstützt den Biorhythmus. Sorgen Sie regelmäßig für ausreichend frische Luft, Haltungswechsel und Bewegungspausen. Um Ihre Augen vor Überbelastung zu schützen, können Sie die Augenyoga-Übung durchführen.

Optimales Arbeiten im Homeoffice

Machen wir uns nichts vor, arbeiten im Homeoffice klingt für viele verlockend, denn die Arbeit erscheint dadurch selbstbestimmter: keine Fahrtzeiten, kein Dresscode und keine nervigen Kollegen, die einen aus dem Takt bringen. Das Zauberwort, bei dem es nicht mehr um Präsenz, sondern um Ziele und tatsächliche Ergebnisse geht, heißt Vertrauensarbeitszeit. Doch diese Freiheit kann unter Umständen auch überfordern. Manche arbeiten plötzlich zu viel, andere zu wenig, weil sie sich nicht genügend strukturieren und disziplinieren können. Vereinbaren Sie mit Ihrem Arbeitgeber daher klare und erreichbare Ziele. Bleiben Sie im engen Kontakt zu Ihren Kollegen, dafür ist die digitale Welt einfach perfekt. So wissen Sie immer, was intern passiert, und vereinsamen nicht in Ihren vier Wänden. Finden Sie einen Arbeitsrhythmus, der zu Ihnen und Ihrer Familie passt. Gleichen Sie, besonders zu Beginn Ihrer Homeoffice-Karriere, die tatsächlichen Ergebnisse mit den gesetzten Zielen ab. Damit behalten Sie den Überblick über das, was Sie schon geschafft haben und was noch ansteht. Investieren Sie in eine hochwertige und ergonomische Ausstattung. Auf einem Klappstuhl am Küchentisch mit einem Laptop zu arbeiten, wird

Sie auf Dauer nicht erfüllen, sondern schnell unzufrieden machen. Das hat nichts mit Professionalität zu tun. Und trennen Sie bestmöglich das Berufs- vom Privatleben. Treffen Sie dazu mit Ihrem Partner und den Kindern klare Absprachen.

Entspannung

Stressabbau und Erholung Ob wir tatsächlich durch den Austausch der Präsenzkultur durch Vertrauensarbeitszeit an Kreativität und Innovation im Beruf gewinnen, bleibt abzuwarten. Das hängt sicher auch davon ab, was wir mit der neu gewonnenen Freiheit machen und wie wir sie in den Alltag integrieren. Fakt ist, dass viele Beschäftigte inzwischen an digitaler Erschöpfung leiden. Das Gefühl, immer digital unterwegs und erreichbar zu sein, macht uns zunehmend müde. Dabei hängt es tatsächlich in erster Linie von uns selbst ab, ob und in welchem Umfang wir uns zu Sklaven unseres Smartphones und der sozialen Netzwerke machen.

Digitale Kompetenz und digitale Maßlosigkeit

In Zukunft wird ein Mindestmaß an digitaler Kompetenz für alle zur Pflicht, nicht nur im Arbeitsleben. Das beginnt schon mit den Möglichkeiten an jeder Supermarktkasse, wo wir bereits heute mobil (über eine App) oder kontaktlos (mit der Giro- oder Kreditkarte) bezahlen können. Für ältere Menschen macht das die Sache nicht unbedingt einfacher, denn viele fühlen sich von den modernen Möglichkeiten überfordert. Unsere Kinder dagegen wachsen mit diesen Geräten auf und betrachten sie als selbstverständlich, wissen sie jedoch häufig nicht maßvoll zu gebrauchen. Neben den positiven Seiten lauern auch hier diverse Gefahren, wie z. B. Cybermobbing, die wir meist nicht ernst nehmen, bevor wir nicht selbst zu Opfern werden. Wir brauchen also mehr digitale Bildung in allen Altersstufen und zugleich mehr Selbstverantwortung im Umgang mit Smartphone und sozialen Medien.

Denn wir scrollen uns durch die Newsfeeds, als wären wir auf der Flucht, posten Inhalte und Selfies auf diversen Online-Plattformen, als hätten wir nichts anderes zu tun, und wundern uns dann, wenn wir unter Druck vom permanenten Kommunikations- und Selbstdarstellungsstress stehen und nichts anderes mehr können, als müde und erschöpft zusammenzubrechen.

Müssen wir wirklich immer und überall erreichbar sein? Sind wir durch die digitalen Medien nicht mehr mit anderen in Kontakt als mit uns selbst? Experimentieren Sie mal mit Nichterreichbarkeit, und vielleicht stellen Sie schnell fest, dass sich die Welt weiterdreht, auch ohne dass Sie online sind. Diese Erkenntnis ist sehr wertvoll, auch wenn Sie sich vielleicht zunächst an den Gedanken gewöhnen müssen. Sie wird Ihnen in Zukunft helfen, mehr Zeit für sich und Ihre Familie zu gewinnen. Digitale Werkzeuge sind nur dann ein Segen, wenn wir von ihnen profitieren und uns dabei nicht von ihnen beherrschen lassen. Der neue Begriff für mehr Autonomie im digitalen Zeitalter heißt „Digital Detox" oder auf Deutsch: digitale Entgiftung (Enthaltsamkeit).

Digitale Werkzeuge sind ein Segen, solange wir uns nicht von ihnen beherrschen lassen.

Testen Sie sich selbst:

ÜBUNG

Sind Sie ein Smartphone-Junkie? Beantworten Sie die folgenden Fragen mit einem „Ja" oder „ Nein" weiter unten:

1. Organisieren Sie nahezu Ihr ganzes Leben online?
2. Nutzen Sie das Gerät regelmäßig, um Langeweile bei anfallenden Wartezeiten zu überbrücken?
3. Lassen Sie Ihr Smartphone auch im persönlichen Gespräch nicht aus den Augen?

4. Würde Ihnen etwas fehlen, wenn Sie plötzlich bemerkten, dass Sie Ihr Smartphone zu Hause vergessen haben?
5. Macht Sie ein Funkloch unruhig, weil Sie das Gefühl haben, etwas zu verpassen?
6. Holen Sie selbst beim Autofahren regelmäßig Ihre Nachrichten ab (oder an Orten, wo der Betrieb verboten ist?)
7. Haben Sie manchmal Stress oder Streit mit anderen wegen Ihrer intensiven Smartphone-Nutzung?
8. Lassen Sie Ihr Gerät auch nachts eingeschaltet eine Armlänge von Ihnen entfernt neben dem Bett liegen?
9. Schauen Sie bei jedem Klingelton nach einer neuen Meldung?
10. Stellen Sie manchmal selber überrascht fest, dass Sie sich viel zu lange mit Ihrem Gerät beschäftigt haben?

Ja ———————————————— Nein ————————————————

Wenn Sie mehr als fünf der Fragen mit einem klaren „Ja" beantwortet haben, hat Ihr Smartphone Sie mehr im Griff als umgekehrt. Sie sollten die Nutzung Ihres Geräts ernsthaft überprüfen.

TIPPS Hier eine Handvoll Tipps, die Ihnen dabei helfen werden:

1. Legen Sie Zeiten fest, in denen Sie Ihre Nachrichten checken, und schrecken Sie nicht bei jedem Signalton hoch. Das lenkt stark von der aktuellen Beschäftigung ab. Je nachdem, was man gerade tut, wirkt sich das negativ auf das Arbeitsergebnis aus. Maximal fünf Abrufe am Tag reichen in der Regel aus, um alles Wichtige zu erledigen.
2. Schalten Sie das Gerät öfter auf stumm oder noch besser in den Flugmodus. Verordnen Sie sich regelmäßig selbst Entzug, auf Neudeutsch Smartphonefasten. Das ist sinnvoller, als wenn es später andere für Sie tun.
3. Tragen Sie eine Armbanduhr, um die Zeit im Blick zu behalten. Der Griff zum Smartphone dauert länger und verführt dazu, eben mal diverse andere Aktivitäten abzuwickeln.

4. Lassen Sie es nicht so weit kommen, dass Sie mit Familie und Freunden nur noch online kommunizieren. Das macht auf Dauer trotz der vielen Likes, die zugegebenermaßen ihr Belohnungszentrum im Gehirn stimulieren, dennoch ganz schön einsam.

5. Genießen Sie den Blick in die Landschaft und schalten Sie den Kopf auf Durchzug, statt gebannt auf das Display zu starren. Zeiten des Leerlaufs sorgen nicht nur automatisch für Entspannung, sondern fördern erwiesenermaßen die Kreativität und neue Lösungsansätze für Probleme.

Die intensive Nutzung des Smartphones hat Suchtpotenzial und sollte daher sehr kritisch betrachtet werden. Inzwischen hat der Online-Rausch mehrere Namen. Während unter den Jugendlichen die Abkürzung „Smombie" für Smartphone-Zombie die Runde macht, gehen Wissenschaftler in Studien der Nomophobie nach, einer Abkürzung für No-Mobile-Phone-Phobia – oder auch Fobo (fear of being offline), der Angst, offline zu sein und etwas zu verpassen. Dass dieser starke Online-Sog auch unsere Empathiefähigkeit negativ beeinflusst, liegt auf der Hand. Denn trotz emotionaler Inhalte bleiben wir als Nutzer oder Betrachter immer in sicherer Distanz, während wir unsere Neugier stillen.

Arbeitszeit und Leisure Sickness

Wie wichtig es ist, sich bewusst von der Arbeit zu trennen und sich dem Privatleben inklusive dem eigenen Wohlbefinden zuzuwenden, wird uns leider erst dann klar, wenn wir ernsthaft erkranken. Aber müssen wir es wirklich darauf ankommen lassen? Ist es nicht sinnvoll, bereits im Vorfeld angemessen für sich zu sorgen? Dass zu viel Arbeit der Gesundheit schadet, spüren wir meist intuitiv. Forscher um Dr. Sadie Conway von der University of Houston, Texas, haben herausgefunden, dass ein Arbeitspensum von mehr als 52 Wochenstunden die Entstehung kardiovaskulärer Erkrankungen begünstigt und im Vergleich einem Pensum von 35 bis 51 Wochenarbeitsstunden um 42 Prozent erhöht. Viele Menschen, die täglich ein hohes Arbeitspensum absolvieren, werden am ersten Urlaubstag, häufig auch an Feiertagen oder am Wochenende, plötzlich krank. Während Körper und Geist noch bis kurz zuvor hohem Stress standhalten mussten, fällt die Anspannung plötzlich weg, was durchaus zu einem Zusammenbruch führen kann.

Diese Form der Krankheit in der Freizeit nennt man in der Fachsprache „Leisure Sickness". Sie betrifft geschätzt etwa drei Prozent der Bevölkerung reicher Nationen und fördert ein neues Problem zutage: Die Zeiten der Entspannung und Erholung minimieren sich noch mehr, weil zunächst die Genesung an erster Stelle steht und der Berg an Arbeit in der Regel in der Zwischenzeit weiterwächst. Hier ist ein deutlicher Schnitt angesagt und ein ernsthaftes Umdenken vom Betroffenen selbst gefordert.

....

Leicht überhörbar
„Geh du vor", sagt die Seele zum Körper. „Auf mich hört er nicht, vielleicht hört er auf dich."
„Ich werde krank werden, dann wird er Zeit für mich haben",
sagt der Körper zur Seele.

ULRICH SCHAFFER

....

Entspannungstechniken

Fight-or-flight response

Stress ist ein wichtiger Bestandteil unseres Lebens und hat nicht nur negative Seiten. Selbst wenn er sich zunächst negativ auf uns auswirkt, kann der Ausgang der Situation durchaus positiv sein und beglückend, z. B. nach einer bestandenen Prüfung, die zuvor mit hoher Anspannung verbunden war. Durch den bestehenden Stress aktivieren wir unsere Energiereserven und geben unser Bestes. Während also der sozusagen positive Stress als Eustress bezeichnet wird, nennt man den negativen Stress, der uns langfristig in die Knie zwingt und unseren Organismus in Dauererregung versetzt, Disstress. Wie Sie sicher wissen, aktiviert Letzterer unseren Flucht- oder Kampfmodus (fight-or-flight response), was dazu führt, dass der Muskeltonus steigt, der Blutdruck und der Puls sich erhöhen und der Atem flacher und dafür schneller wird, um den Körper mit dem nötigen Sauerstoff versorgen zu können. Gleichzeitig sinkt die Hirnaktivität im präfrontalen Kortex, der mit der Regulation emotionaler Prozesse und einer situationsangemessenen Handlungssteuerung in Verbindung steht. Jetzt verstehen Sie sicher auch, weshalb manche Menschen unter Stress völlig emotionslos und der Situation unangemessen reagieren.

Wie der US-amerikanische Kardiologe Herbert Benson von der Harvard Medical School herausfand, gibt es zum Flucht-oder-Kampf-Impuls auch einen Gegenspieler, die Entspannungsantwort (relaxation response), bei der sich die genannten physiologischen Parameter ins Gegenteil verkehren. Dabei sinken der Muskeltonus, der Blutdruck und der Puls sowie die Atemfrequenz. Statt zur Ausschüttung von Stresshormonen kommt es zur Ausschüttung von körpereigenen Endorphinen, den „Glückshormonen". Was Benson allerdings auch herausfand, ist die Tatsache, dass regelmäßige aktive Entspannung als eine Art Schutzschild gegen belastende Situationen wirkt.

Relaxation response

Wenn also das Einüben bestimmter Entspannungstechniken uns dabei hilft, eine höhere Stressresilienz, also Widerstandskraft gegen Stress, im Alltag zu entwickeln, ist es dann nicht vorteilhaft, eine solche Technik immer und überall für sich nutzen zu können? Der Vorteil aktiver Entspannungstechniken gegenüber Alltagsentspannung in Form von Lesen oder Fernsehen liegt darin, dass zum einen eine Entspannung nicht nur teilweise – ein spannender Thriller z. B. erzeugt unter Umständen ein anstrengendes Kopfkino –, sondern ganzheitlich auftritt und zum anderen besser kognitiv abgespeichert werden kann und dadurch später leichter reproduzierbar ist.

Übungspraktiken zur bewussten Entspannung gibt es viele. Wichtig ist, für sich selbst die richtige zu finden. Dabei möchte ich Ihnen ein wenig behilflich sein und Ihnen eine kleine Auswahl bewährter Techniken mit kurzen Übungssequenzen zum Ausprobieren vorstellen. Sie sollen Ihnen als Kompass dienen und Sie ermutigen, sich in der bevorzugten Richtung weiter zu orientieren:

1. Progressive Muskelrelaxation (PMR)

Es handelt sich um ein Verfahren, bei dem zunächst eine kurze bewusste Anspannung bestimmter Muskelgruppen und das anschließende bewusste Loslassen zu einer Verbesserung der Körperwahrnehmung führen. Auf diese Weise können Zeichen körperlicher Unruhe oder Erregung selbstständig erkannt und durch diese Technik willentlich positiv beeinflusst werden.

ÜBUNG 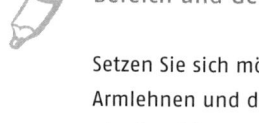 Probeübung für Arme, Schulter-Nacken-Bereich und Gesicht:

Setzen Sie sich möglichst so hin, dass Sie das Gewicht Ihrer Arme an die Armlehnen und das Ihres Nackens und Ihres Kopfes an eine Kopfstütze abgeben können. Alternativ legen Sie sich bequem hin. Schließen Sie Ihre linke Hand bewusst und kraftvoll zur Faust und spannen dann Ihren gesamten linken Arm an. Nehmen Sie die Anspannung für zwei bis drei Atemzüge bewusst wahr und lassen Sie dann langsam wieder los. Genießen Sie das Loslassen und die anschließende Entspannung mindestens doppelt so lange. Dann wiederholen Sie das Vorgehen mit der rechten Hand und dem rechten Arm.
Im nächsten Schritt ziehen Sie beide Schultern zu Ihren Ohren und halten auch hier die Spannung einen Moment lang an. Danach entspannen Sie bewusst Ihre Schulter- und Nackenmuskulatur.
Welchen Unterschied zwischen beiden Zuständen und den damit verbundenen Empfindungen stellen Sie fest? Welcher Teil der Übung fühlt sich für Sie besser an?
Abschließend kneifen Sie die vielen kleinen Muskeln ihres Gesichts zusammen, als ob Sie in eine saure Zitrone beißen würden. Atmen Sie ent-

spannt und ruhig weiter und lassen Sie dann wieder die gesamte Anspannung langsam und bewusst los. Nehmen Sie den Zustand der Entspannung in sich auf. Auf diese Weise wird das PMR-Training durch den ganzen Körper fortgesetzt und je nach Zeitfenster, das Ihnen zur Verfügung steht, innerhalb der einzelnen Muskelgruppen mehrmals wiederholt.

2. Autogenes Training (AT)

Hierbei handelt es sich um eine auf Autosuggestionen basierende Entspannungsmethode, die aus der Hypnose heraus entwickelt wurde. In klar strukturierten Schritten wird über formelhafte Sätze ein Entspannungszustand herbeigeführt. Mittlerweile wird das AT als eine fundierte Technik zur Tiefenentspannung sowohl in der Prävention als auch in der Therapie angewandt.

Probeübung mit einer Ausgangstellung
in Rückenlage:

ÜBUNG

Legen Sie sich bequem auf eine Matte, einen weichen Teppich oder auf Ihr Bett oder Sofa. Sie sind vollkommen ruhig und entspannt. Nehmen Sie Ihre beiden Beine, Ihr Becken und Gesäß bewusst wahr.
Lassen Sie Ihren gesamten Unterkörper angenehm warm und schwer werden. Spüren Sie mit jedem Ausatmen, wie er tiefer in die Matte, den Boden oder in das Sofa sinkt. Wenden Sie sich dann Ihrem Rumpf zu. Lassen Sie Ihren Rücken, Brust- und Bauchraum angenehm warm und schwer werden, und beobachten Sie, wie er entspannt immer tiefer in Ihre Unterlage sinkt.
Abschließend spüren Sie in Ihre Arme, Ihren Nacken und Ihren Kopf. Auch diesen Bereich des Körpers fluten Sie mit angenehmer Wärme, nehmen Sie die zunehmende Schwere wahr und lassen Sie Ihre Arme und den Kopf entspannt in die Unterlage sinken.

3. Achtsamkeitsmeditation

Die Achtsamkeitsmeditation strebt nichts an, sie beobachtet einfach nur, was da ist, ohne zu bewerten und ohne sich in Gedanken zu verstricken.

  Probeübung mit dem Atem als Anker:

Nehmen Sie im Sitzen oder Stehen eine aufrechte Haltung ein. Kommen Sie in Kontakt mit Ihrem Atem. Atmen Sie durch die Nase ein und aus, ohne Ihren Atem verändern oder beeinflussen zu wollen. Spüren Sie bewusst, wie Ihr Atem kommt und geht und wo er im Augenblick besonders präsent ist – etwa an der Nasenspitze, wo der kühle Luftstrom hineinfließt und die angewärmte Luft den Körper später verlässt; im Kehl- oder im Brustraum; im Bauch, wo sich die Bauchdecke beim Einatmen nach vorne wölbt und beim Ausatmen wieder zurückgeht, oder in den Flanken. Wenn Gedanken auftauchen, heißen Sie auch diese freundlich willkommen. Greifen Sie sie jedoch nicht auf, sondern lassen Sie den Gedankenstrom an sich vorüberziehen wie Wolken am Himmel und kehren Sie dann wieder zum Atem zurück. Bringen Sie Ihre Aufmerksamkeit zu Ihrem Körper als Ganzes und nehmen Sie neben dem Atem auch Empfindungen wahr, die sich vielleicht zeigen. Wie geht es Ihnen in diesem Moment? Bleiben Sie eine Zeit lang in dieser achtsamen Verbindung mit sich selbst. Wann immer Sie das Gefühl verspüren, diese Übung beenden zu wollen, nehmen Sie zwei oder drei tiefe Atemzüge und schließen die Meditation ab.

Wichtig bei jeder dieser Methoden ist am Ende die Rücknahme, was keineswegs zur Auflösung der Entspannung führen, sondern langsam wieder auf die Interaktion mit der Umwelt vorbereiten soll. Dazu bewegen Sie zunächst sanft Ihre Hände und Füße, Ihre Arme und Beine, recken, strecken sich, gähnen oder seufzen laut, wenn Ihnen danach ist. Öffnen Sie Ihre Augen, falls Sie diese zuvor geschlossen haben und kommen mit Ihrer Aufmerksamkeit Schritt für Schritt wieder in der Außenwelt an.

Fragen Sie bei Ihrer Krankenkasse oder einer Volkshochschule in Ihrer Nähe nach, wann und wo diese Kurse angeboten werden.

Auch für zwischendurch gibt es eine wertvolle Methode, um innerlich zur Ruhe zu kommen und zu entspannen. Denn jeder von uns hat in seiner Erinnerung Wohlfühlbilder gespeichert. Erinnern Sie sich an eine oder mehrere besonders schöne Situationen, in denen Sie entspannt waren. Wenn Sie eines der Bilder visualisieren, dann beziehen Sie möglichst viele Ihrer Sinne ein: Betrachten Sie die Farben, hören Sie auf die Geräusche der Umgebung, nehmen Sie die Gerüche wie z. B. das frisch gemähte Gras oder die Meeresbrise wahr und fühlen Sie z. B. den warmen Sand unter Ihren Füßen oder die zärtliche Berührung Ihres Partners. Auch Geschmack und vieles mehr lässt sich auf diese Weise reproduzieren. Tauchen Sie in Ihr Ruhebild ein, und Sie werden sehen, welchen Erholungswert es Ihnen bietet. Je öfter Sie das tun, desto leichter werden sich die Bilder generieren lassen. Gerade in hektischen Momenten ist diese Übung ein prima Instrument zur Regeneration. Probieren Sie es aus und überzeugen Sie sich selbst!

Erholsamer Schlaf

Der Schlaf sollte Erholung, also die Zeit der Regeneration für Körper, Geist und Seele sein. Doch leiden immer mehr Menschen unter Schlafstörungen. Abends noch mal schnell die E-Mails checken und eben mal nachschauen, was die Freunde so bei Facebook posten. Und da kommt gerade noch eine WhatsApp rein, während auf dem Fernsehbildschirm die Schreckensnachrichten des Tages flimmern. Plötzlich ist es schon so spät, das Gedankenkarussell lässt uns nicht in Ruhe, und die Sorge, nicht einschlafen zu können, hält uns wach. Schlafmediziner beobachten, dass Jugendliche und Erwachsene im erwerbsfähigen Alter deutlich weniger schlafen als früher. Nicht, weil sie weniger Schlaf brauchen, sondern weil sie zu spät ins Bett gehen und morgens trotzdem früh aufstehen müssen. Teilweise stehen Arbeitnehmer sogar noch früher auf, weil die Entfernungen, die sie zur Arbeit zurücklegen müssen, im Durchschnitt größer geworden sind und der Verkehr vor allem in den letzten Jahren zugenommen hat.

Einige Menschen schlafen schlecht ein, andere können nicht gut durchschlafen. So manövrieren wir uns in ein chronisches Schlafdefizit hinein. Wenn wir so weitermachen, werden wir früher oder später zu einer schlaflosen Gesellschaft. Was also sollten wir tun, um dem vorzubeugen?

Schlafzimmer ist kein Multimediaraum

Schlafstörungen beeinträchtigen nicht nur die Nacht, sondern führen zu einer erhöhten Tagesmüdigkeit und damit zu reduziertem Wohlbefinden und verminderter Leistungsfähigkeit. Wer nicht gut schläft, kann keine Topleistung bringen, selbst wenn er wollte und grundsätzlich könnte. Häufig ist das Problem hausgemacht, denn die Digitalisierung macht auch vor unseren Betten nicht halt. Das Schlafzimmer wird zum Multimediaraum: Fernseher, Laptop oder Tablet und natürlich das Smartphone mit seiner Weckfunktion liegen auf unseren Nachttischen. Hinzu kommen für viele die Folgen von Schichtarbeit und Globalisierung in Form von nächtlichen Telefonkonferenzen und Dienstreisen über mehrere Zeitzonen hinweg. Alleine das Gefühl, ständig erreichbar sein zu müssen, sowie das helle blaue Licht (es geht dabei tatsächlich um die „blauen" Wellenlängen des Lichts, auf die unser Nervensystem besonders sensibel reagiert), das die Geräte aussenden und das unser Gehirn veranlasst, weniger schlafförderndes Melatonin zu produzieren, beeinträchtigen den Schlaf enorm. Kommen belastende Gedanken noch hinzu, liegt der Griff zum Alkohol als „Absacker" oder zu Schlafmitteln nahe. Doch das Risiko einer Abhängigkeit ist groß, daher wird diese Strategie nicht empfohlen.

Zehn Regeln der Schlafhygiene

Was Sie tun können, um einen erholsamen Schlaf zu fördern:

1. Gehen Sie jeden Abend etwa zur gleichen Zeit ins Bett und stehen Sie jeden Morgen etwa zur gleichen Zeit auf. So finden Sie den eigenen Rhythmus und die passende Schlafdosis, um erholt wieder in den Tag zu starten.

2. Lassen Sie den Tag entspannt ausklingen. Verrichten Sie vor dem Schlafengehen keine anstrengenden geistigen oder körperlichen Tätigkeiten.
3. Sorgen Sie für eine angenehm kühle Zimmertemperatur (max. 20° C), sie ist nachts von Vorteil; und es empfiehlt sich, den Raum vor dem Schlafengehen kurz durchzulüften.
4. Entfernen Sie Fernseher und digitale Eingabegeräte aus dem Schlafzimmer. Schalten Sie nachts die WLAN-Sender in Ihrer Wohnung ab, denn der allgegenwärtige Elektrosmog steht im Verdacht, die Gesundheit negativ zu beeinträchtigen.
5. Schalten Sie Geräuschquellen nach Möglichkeit aus, dunkeln Sie den Raum ab.
6. Machen Sie es zu einem Ritual, den Tag z. B. mit einer Meditation, einer Entspannungsübung oder einem Spaziergang abzuschließen.
7. Sie sollten weder hungrig noch mit vollem Magen ins Bett gehen.
8. Koffeinhaltige Getränke und Zigaretten kurz vor der Nachtruhe können den Schlaf negativ beeinflussen. Falls Sie sensibel auf diese oder ähnliche Wirkstoffe reagieren, sollten Sie unbedingt darauf verzichten.
9. Schauen Sie beim Aufwachen nachts nicht auf den Wecker, denn das wirft häufig den Gedankenmotor an.
10. Schlaf ist ein natürlicher physiologischer Prozess und bedarf keiner Anstrengung. Falls Sie mit Ihrer Schlaflosigkeit ringen, dann nehmen Sie Ihren „Kampf" achtsam wahr und lassen dann Sie bewusst los.

Sollten Sie tagsüber tatsächlich mit Müdigkeit zu kämpfen haben und einen wichtigen Termin oder eine längere Autofahrt vor sich haben, wo Sie konzentriert und präsent sein müssen, empfiehlt sich ein Kraftnickerchen, auch Powernap genannt, von maximal 20 Minuten. Suchen Sie sich einen Ort, an dem Sie zur Ruhe kommen können, stellen Sie sich einen Wecker oder nutzen Sie eine App und schließen Sie entspannt Ihre Augen. Zum Zeitpunkt Ihres Leistungstiefs werden Sie vermutlich keine Schwierigkeit damit haben einzuschlafen.

Menschen mit einem hohen Kontrollbedürfnis, emotionaler Unsicherheit und der Neigung, sich Dinge schnell zu Herzen zu nehmen, tendieren aufgrund größerer Anspannung zu einem schlechteren Schlaf. Außerdem ist morgendliches Früherwachen ein typisches Symptom einer depressiven Störung, insbesondere wenn quälende Grübeleien hinzukommen. Sollten Sie dies bei sich beobachtet haben, seien Sie wachsam und holen Sie sich bei Bedarf professionelle Hilfe. Dagegen sind gelassene Zeitgenossen eher in der Lage, sich nach Feierabend entspannt zurückzulehnen und abzuschalten und alleine dadurch besser und tiefer zu schlafen. Das beweist wieder, wie wichtig es ist, die Arbeitszeit vom Privaten zu trennen.

WISSENSWERTES Rund ein Drittel unseres Lebens verbringen wir im Bett. Die Beschaffenheit Ihres Bettes trägt wesentlich zu einem erholsamen Schlaf bei. Dazu gehören die Matratze, das Kissen und die Bettdecke. Eine herkömmliche Matratze ist spätestens nach zehn Jahren durchgelegen und sollte erneuert werden. Ob Sie dabei eine Kaltschaum- oder Latexmatratze oder das Federkernmodell wählen, hängt von diversen Faktoren ab, unter anderem Ihrer Körpergröße, Gewicht, Schlafgewohnheiten und der Überzeugungskraft des Verkäufers. Das Kissen und die Bettdecke sollten entsprechend Ihren Vorlieben gewählt werden und im günstigsten Falle ein Bio-Siegel tragen. Denn wer sich schlecht bettet, kann schnell Rückenprobleme bekommen; und wer Rückenprobleme hat, schläft meist schlecht.

TIPP Starten Sie gesund in den Tag! Wechselduschen fördern die Durchblutung, machen wach, stärken das Immunsystem und kommen auch der Haut zugute. Beginnen Sie zunächst mit angenehm warmem Wasser und brausen Sie sich abschließend mit kaltem Wasser in folgender Reihenfolge zügig ab: rechtes Bein aufsteigend vom Fuß bis zum Gesäß, dann linkes Bein in gleicher Weise. Wer mutig ist, geht weiter zum rechten Arm und duscht diesen von der Hand bis zur Schulter ab, danach den linken. Die ganz Tapferen nehmen noch den Rücken, die Brust und den Bauch dazu.

Sich gesund zu ernähren, ist in Wirklichkeit gar nicht so schwer. Nutzen Sie die zehn wichtigsten Empfehlungen als Richtschnur und reflektieren Sie Ihr Essverhalten. Sorgen Sie für ausreichend Bewegung, am besten an der frischen Luft, denn Bewegungsmangel schadet nicht nur dem Organismus im Allgemeinen, sondern auch speziell dem Gehirn. Außerdem ist Sport eine wichtige Vorsorge in Bezug auf Krebs und Herz-Kreislauf-Erkrankungen. Diese Grundsätze werden auch in Zukunft ihre Gültigkeit behalten. Jedoch werden wir sie uns unter Umständen noch bewusster machen müssen, denn im Alltag bewegen wir uns aufgrund des digitalen Fortschritts immer weniger. Nutzen Sie einen Trainingsplan, um herauszufinden, welche Sportart für Sie die richtige ist und wann sich Bewegungseinheiten in der Woche optimal einbauen lassen. Achten Sie auf Ihren Rücken und unterziehen Sie Ihren Arbeitsplatz einer ergonomischen Prüfung. Sie werden sehen, kleine Änderungen können manchmal extrem viel bewirken. Sorgen Sie für regelmäßige Entspannung und überdenken Sie Ihr persönliches Maß der ständigen Erreichbarkeit. Wenn Ihr Verhalten in puncto Smartphone inzwischen Suchtcharakter zeigt, steuern Sie gezielt dagegen. Räumen Sie sich bewusste Pausen der Nichterreichbarkeit ein und wenden Sie sich in dieser Zeit einer Entspannungstechnik Ihrer Wahl zu. Machen Sie aus Ihrem Schlafzimmer unter keinen Umständen einen Multimediaraum, diese Funktion kann das Wohnzimmer übernehmen. Ihren Schlafraum betrachten Sie am besten als Ort der Erholung und Entspannung. Ein zentraler Aspekt der Selbstfürsorge ist die Entgrenzung der Arbeitswelt vom Privatleben. Genau hier sollte jeder mehr Selbstverantwortung übernehmen und für sich achtsam ausloten, wo die eigenen Grenzen zu setzen sind. Ein Mindestmaß an digitaler Kompetenz ist aus unserem Alltag inzwischen nicht mehr wegzudenken. Damit uns die um sich greifende Digitalisierung nicht überrollt, sondern wir dauerhaft in der Lage bleiben, sie zu unserem Vorteil zu nutzen, müssen wir lernen, auch in diesem Zusammenhang gut und mit Bedacht für uns zu sorgen.

Wie Sie mehr Lebensfreude gewinnen und dauerhaft der Fremdbestimmung entkommen

Zukunft und Fort-
schritt als Chance

Wird die Zukunft tatsächlich selbstbestimmter werden? Werden wir alle gleichermaßen von der zukunftsorientierten Entwicklung profitieren und dadurch mehr Lebensfreude generieren? Werden neue Mobilitätskonzepte unsere Umwelt tatsächlich wieder sauberer machen und die Städte von den Autolawinen befreien? Über alle diese Fragen lässt sich natürlich wild spekulieren. Entscheidend ist jedoch, wie jeder Einzelne die Herausforderung annimmt und was er daraus macht. Wir müssen die Zukunft gemeinsam proaktiv gestalten. Um dazu in der Lage zu sein, müssen wir gut für uns sorgen, sonst übernehmen die anderen die Kontrolle, seien es andere Menschen oder Roboter mit künstlicher Intelligenz, da die Robotik derzeit wahnsinnige Fortschritte macht, mit denen vor einigen Jahren noch nicht zu rechnen war. Selbstmanagement wird also noch wichtiger. In dynamischen Zeiten voller Wahlmöglichkeiten ist auch Selbstverantwortung gefragt, und zwar mehr denn je. Gerade Zeiten des Umbruchs sind besonders heikel und erfordern viel Kraft und Bereitschaft zu Veränderung, denn der Anpassungsdruck ist überall spürbar. Nur wo der Wille zur Veränderung besteht, ist auch Potenzial zur Weiterentwicklung vorhanden. Betrachten wir Weiterentwicklung nicht als Bedrohung, sondern als eine Chance, Inhalte sinnstiftend auf den Weg zu bringen, kann eigentlich nichts schiefgehen.

Veränderung heißt im Umkehrschluss nicht, dass Sie jetzt alles auf den Kopf stellen müssen, aber das eine oder andere Thema sollten Sie gründlich überdenken. Machen Sie sich daher Gedanken, was für Sie wichtig ist, was Sie persönlich antreibt, Ihrem Leben einen

Sinn gibt und wie Sie dieses Motiv erhalten und pflegen können. Im nächsten Kapitel schauen wir uns an, was Sie loslassen und wovon Sie sich lösen wollen. Nur so können Sie langfristig ein zufriedenes und erfülltes Leben führen.

Wo der Wille zur Veränderung besteht, ist auch das Potenzial zur Weiterentwicklung.

Sinnfindung und Spiritualität

Einen Sinn im Leben zu haben, ist ein zentrales menschliches Bedürfnis. Die meisten von uns haben eine spirituelle Seite, wenn auch oft im Verborgenen, weil sie nicht darüber reden. Wer bin ich? Was mache ich hier? Und wo gehe ich hin? Weil viele Menschen das Gefühl haben, die verschiedenen Religionen würden diesem Bedürfnis nicht gerecht, suchen sie woanders nach Sinnstiftung. Dabei verlieren sie sich leider manchmal selbst aus dem Fokus. Doch eigentlich tragen wir alles, was wir für unsere persönliche Reise brauchen, in uns. Denn nur Sie selbst wissen, was in Ihrem Leben wirklich zählt, und können sich den Zugang zu Ihren Fragen, wie auch immer sie genau lauten, entsprechend Ihren Überzeugungen und Erfahrungen erarbeiten. Dem Thema Spiritualität nachzugehen, hilft dabei, die eigenen Kraftquellen zu entdecken und sie als wertvolle Ressource im Alltag zu nutzen. Warten Sie daher nicht darauf, bis Sie durch Krankheit, Trauer oder beruflichen (Miss-)Erfolg über das Bedürfnis nach Spiritualität stolpern. Stellen Sie sich ihm und seien Sie bei der Beantwortung Ihrer Fragen ehrlich. Nehmen Sie sich die Zeit, um herauszufinden, wie Sie mehr Leichtigkeit und Lebensfreude in Ihren Alltag bringen können, indem Sie sich gezielt auf die für Sie wertvollen Dinge des Daseins besinnen. Sollte das für Sie bedeuten, dass Sie hart arbeiten und möglichst viel Geld verdienen wollen, so ist das genauso in Ordnung, als wenn Sie sich dafür entscheiden, weniger zu arbeiten und unter Umständen mit weniger Mitteln zurecht-

Dem Lebenssinn auf der Spur

zukommen. Wichtig ist, dass es für Sie persönlich passt und dass Sie daraus neue Kraft zur Weiterentwicklung schöpfen.

ÜBUNG

Was genau bedeutet für Sie Spiritualität und mit welchen Aspekten des Daseins ist sie Ihrer Meinung nach verwoben?

_____

_____

Würden Sie sich selbst als einen spirituellen Menschen bezeichnen? Wenn ja, warum?

_____

_____

Nennen Sie die drei wichtigsten Faktoren, die Ihrem Leben einen tieferen Sinn verleihen. Warum ist das so? Es können Personen sein, die Ihnen viel bedeuten und mit denen Sie in (enger) Beziehung stehen, ebenso wie Tätigkeiten, die Sie beflügeln oder Ihnen Raum zur Entfaltung geben.

1. _____

2. _____

3. _____

Was davon möchten Sie in Zukunft ausbauen, worauf einen größeren Schwerpunkt legen und wie könnte das konkret aussehen?

_____

_____

Welche Etappenziele halten Sie für realistisch?

_____

_____

Wer oder was könnte Ihnen dabei helfen?

_____

_____

Wie hoch ist der Preis, den Sie eventuell dafür zahlen müssen?

_____

_____

Was wäre der allererste Schritt in die gewünschte Richtung?

_____

_____

Trauen Sie sich, diesen Schritt auch tatsächlich zu machen! Denn nur
wenn Sie den Weg Ihrer Wahl beschreiten, werden Sie Ihr Ziel auch
erreichen. Sonst überlassen Sie Ihr Schicksal dem Zufall.

Und jetzt noch die „Königsfrage": Worauf möchten Sie am Ende Ihrer
Berufskarriere und/oder Ihres Lebens zufrieden zurückblicken können?

_____

_____

_____

Daniel arbeitet als Führungskraft in einem großen Unternehmen. Er hat den beruflichen Aufstieg für sein Alter schnell geschafft, ist als sehr ehrgeizig bekannt und scheut keine Überstunden. Das war schon immer so. Seine Beziehungen dagegen sind meist von kurzer Dauer, was ihn nicht unbedingt unglücklich macht, denn er ist davon überzeugt, dass ein guter Job und eine Frau sich nicht vertragen. Ein Mann muss sich entweder für das eine oder das andere entscheiden. Letztes Jahr bei der goldenen Hochzeit seiner Eltern hat ihm sein jüngerer Bruder, der inzwischen glücklich verheiratet ist und zwei Kinder hat, in einem Vieraugengespräch zu verstehen gegeben, dass es langsam an der Zeit sei, diesen Standpunkt zu überdenken. Seitdem lässt dieser Gedanke Daniel nicht los. Immer öfter taucht der Wunsch nach einer eigenen Familie auf. Schließlich beschließt er, sich mit dem Thema intensiv auseinanderzusetzen und seine Prioritäten zu überprüfen, um später die Entscheidung, seinen Job über alles anderen zu stellen, nicht bereuen zu müssen.

Wirtschaftsfaktor Spiritualität

Ich bin fest davon überzeugt, dass in Zukunft weitaus mehr Menschen sich dem Thema Sinnfindung widmen werden, sei es im Bezug auf ihre berufliche Tätigkeit, ihre übergeordneten Lebensziele oder ihre ethische Werteausrichtung. Das Umdenken und Ausloten neuer Handlungsoptionen, nicht zuletzt ausgelöst durch die Arbeit-4.0-Debatte, werden in der Suche nach Orientierung deutlich. Gerade Menschen mit besonderer Verantwortung anderen gegenüber verspüren immer mehr den Wunsch, mit ihrer Arbeit zum Wohle der Allgemeinheit beizutragen, statt andere auszubeuten. Diese Auseinandersetzung ist sehr wertvoll und führt uns hin zur Salutogenese. Denn das Sinnerleben hat einen enormen Einfluss auf unsere Gesundheit, unsere Motivation und damit auf unsere Leistungsfähigkeit. Auch wenn es schon immer Profiteure gab und geben wird, die sich von diesem Grundgedanken abwenden und nur ihr eigenes Wohlergehen und ihren Gewinn suchen, setzt sich die Mehrheit für eine humane und wertebasierte, gerechtere Weltordnung ein. Was früher belächelt und teilweise mit Esoterik gleichgesetzt wurde, knüpft heute ganz praktisch und undogmatisch an unseren alltäglichen Fragestellungen und Problemen an. Hier wird aus dem scheinbar soften Faktor Spiritualität zusehends ein bedeutender Wirtschaftsfaktor.

Genügsamkeit

Eigentlich geht es uns verdammt gut, denn wir leben ein privilegiertes Leben, in dem alle Grundbedürfnisse gestillt sind. Dieses Privileg haben leider nicht alle Menschen. Wenn wir meckern, dann meckern wir auf einem sehr hohen Niveau. Sich dessen bewusst zu werden hilft, mehr Genügsamkeit und Dankbarkeit zu üben. Genügsamkeit ist der Gegenentwurf zu „immer weiter, immer höher und immer schneller". Es ist eine innere Einstellung, die dem weitverbreiteten Anspruchs- und Konsumdenken entgegensteht. Denn nicht das Anhäufen von materiellen Dingen macht uns zufriedener und erfüllt unser Leben, sondern es sind die Chancen und die Vielfalt der Möglichkeiten, die wir rückblickend genutzt, der Beitrag zum Ganzen, den wir geleistet, und die Authentizität, mit der wir uns anderen gegenüber gezeigt haben. So gesehen steht auch in Zukunft unserem Wohlergehen und unserem Glück nichts im Wege.

Gegenentwurf zum Konsumdenken

. . . .

„Nicht das Anhäufen von Dingen ist der Schlüssel zum Leben. Entscheidend ist, welchen Beitrag wir leisten."

STEPHEN R. COVEY

. . . .

Der Mangel an Genügsamkeit kann dazu führen, dass wir niemals zufrieden sind mit dem, was wir haben, immerzu hetzen und nie wirklich ankommen. Keine Sorge, ich möchte Sie an dieser Stelle nicht dazu überreden, Ihren Besitz zu verkaufen oder zu verschenken ... Obwohl, wer weiß, vielleicht wären Sie hinterher zufriedener mit Ihrem Leben und hätten weniger Sorgen. Es geht mir vielmehr darum, dass Sie das Glück in dem erkennen, was Sie bereits haben.

Machen Sie eine gründliche Bestandsaufnahme dessen, was Sie Ihr Eigen nennen. Denken Sie dabei sowohl an immaterielle Werte wie Gesundheit, soziale Kontakte und Beruf als auch an materielle wie Ihren Besitz.

ÜBUNG Notieren Sie hier Ihre immateriellen wie materiellen Werte:

_____

_____

_____

Entwickeln Sie Dankbarkeit! Entwickeln Sie mehr Dankbarkeit dafür, indem Sie sich zunächst bewusst machen, welche Vorteile und Möglichkeiten sich Ihnen bieten im Vergleich zu Menschen, die all dies nicht haben. Ein paar Stichpunkte dazu werden Ihnen helfen, sich auch später auf einen Blick daran zu erinnern.

_____

_____

_____

. . . .

Qualität statt Quantität Zum Glück weht inzwischen ein neuer Wind in der Gesellschaft, weil viele Menschen erkannt haben, dass Qualität der Quantität gegenüber häufig überlegen ist. Dies gilt in Bezug auf Lebensmittel oder Gebrauchsgegenstände, aber auch Zeit. Wenn Sie diesem Gedanken folgend Lebensmittel aus ökologischem Anbau oder ökologischer Aufzucht kaufen, tun Sie nicht nur der Umwelt, sondern auch Ihrer Gesundheit etwas Gutes. Entscheiden Sie sich für ein qualitativ hochwertiges Produkt, beispielsweise in Form eines Alltagsgegenstandes, der langlebiger ist als der Durchschnitt, oder Kleidung, die nicht unter widrigen Umständen gefertigt wurde, dann setzen Sie ein Signal gegen die Ausbeutung anderer und gegen die Wegwerfmentalität unserer Gesellschaft. Entscheiden Sie sich dafür, weniger zu arbeiten und stattdessen mehr Zeit mit Ihrer Familie oder Freunden zu verbringen, gewinnen Ihre persönlichen Beziehungen an Bedeutung. Gerade in Bezug auf Zeit sollten wir uns eingestehen, dass wir vermutlich nie an den Punkt kommen, wo alles erledigt ist und wir uns endlich mal zurücklehnen können. Das heißt, dass wir Dinge, die uns wirklich wichtig sind, auch während des Alltagsgeschehens erledigen sollten, ohne darauf zu warten, dass der richtige Zeitpunkt dafür kommen wird.

Für Lynn waren Bildung und Wohlstand immer selbstverständlich. Sie ist glücklich verheiratet und hat zwei Kinder im Jugendalter. Der Familie geht es finanziell sehr gut. Lynn lebt in einem prächtigen Haus, verfügt über ein gut gefülltes Bankkonto und die Familie verbringt die Urlaube an den exklusivsten Orten der Welt. Dennoch ist Lynn mit dieser Situation nicht zufrieden. Gerade durch das Verhalten ihrer Kinder und die Art und Weise, wie sie materielle Forderungen stellen, wird ihr bewusst, wie schonungslos sie mit vielen Dingen umgeht und wie hoch ihre Erwartungen an das Leben, das bis jetzt immer gut zu ihnen war, sind. Lynn beginnt, sich neu zu orientieren, nimmt in ihrer Freizeit eine ehrenamtliche Tätigkeit auf, um – wie sie sagt – der Gesellschaft etwas zurückzugeben. Sie versucht, durch ein bewusst reduziertes Konsumverhalten der Dankbarkeit im Alltag größeren Raum zu geben. Ihre Familie ist zunächst etwas verunsichert und geht von einer Krise aus, beobachtet jedoch, dass Lynn zunehmend aufblüht und deutlich an Lebensfreude gewinnt.

Bei Genügsamkeit geht es nicht darum, sich keine neuen Ziele mehr zu setzen, denn Ziele sind sinnvoll und wichtig. Ohne Ziele gibt es kein Weiterkommen. Es geht darum, den Zustand der Zielerreichung bewusst wahrzunehmen und zu genießen, also am Ziel anzukommen.

Einige Menschen haben ihren Besitz als Ballast erkannt und sich dem Konzept des Minimalismus zugewandt. Ihnen zufolge ist weniger mehr. Auch das ist ohne Zweifel eine Möglichkeit, sich in Genügsamkeit zu üben. Solange diese Haltung durchdacht ist und aus vollem Herzen erfolgt, ist dieser Weg durchaus beeindruckend. Wenn sie jedoch nur die Kehrtwende von einem Extrem zum anderen markiert und von heute auf morgen vollzogen wird, betrachte ich solche Entscheidungen mit Skepsis. Intuitive Entscheidungen sind einer Spontanreaktion, die aus momentaner Unzufriedenheit erwächst, in jedem Fall vorzuziehen, jedoch nur wenn sie mit Bauch und Kopf getroffen worden sind. (Dazu erfahren Sie im Kapitel zur Intuition mehr.) Wer gut für sich sorgt, ist in der Lage, am Puls der Zeit zu bleiben und am aktuellen Geschehen teilzuhaben und trotzdem mit deutlich weniger wesentlich zufriedener zu sein. Ein möglicher Ansatz dazu ist Nachhaltigkeit und bewusste Schonung wertvoller Ressourcen.

Ambitionierte
Ziele und
verbindliche
Umsetzung
Was die Umwelt betrifft, leben wir permanent über unsere Verhältnisse und halten es trotzdem für normal. Doch die natürlichen Ressourcen der Erde sind endlich und die Aufnahmekapazitäten für Schadstoffe begrenzt. Wir sollten schleunigst beginnen, nachhaltig zu haushalten und verantwortungsvoll mit Ressourcen umzugehen, damit wir und auch die zukünftigen Generationen in Würde auf diesem Planeten leben können. Diese Mitverantwortung entsteht aus dem Kohärenzgefühl heraus und trägt wesentlich zur Lebenszufriedenheit bei. Wir brauchen ambitionierte Ziele und eine verbindliche Umsetzung. Mit folgenden Ideen können Sie Ihr Leben nachhaltiger gestalten:

- Konsumieren Sie gezielter und weniger, aber vor allem mit Köpfchen.
- Verschenken, tauschen, teilen Sie z. B. Kleidung, Nahrungsmittel oder Lesestoff.
- Carsharing trägt auch zur Umweltschonung bei.
- Gehen Sie öfter zu Fuß, nutzen Sie Ihr Fahrrad oder öffentliche Verkehrsmittel.
- Vermeiden Sie Müll, wo Sie nur können. Am besten geht das, indem Sie in verpackungsfreien Supermärkten einkaufen. Auch diese wird es in Zukunft mehr geben.
- Fassen Sie Bestellungen nach Möglichkeit zusammen, statt Ihre Versandkosten-Flatrate auszuschöpfen.
- Nutzen Sie Stoff- statt Plastiktaschen.
- Verzichten Sie auf Papp- und Plastikgeschirr oder Einwegbecher.
- Essen Sie weniger tierische Lebensmittel.
- Kaufen Sie öfter Fair-Trade-Produkte, Ihrer Gesundheit und der Fairness zuliebe. Diese finden Sie heute sogar schon im Discounter.

Der Klimawandel lässt sich nicht mehr aufhalten; wenn wir also wollen, dass es uns gut geht, sollten wir dafür sorgen, dass es auch der Natur gut geht und wir sie weder ausbeuten noch zerstören.

TIPP

Verzichten Sie ab und zu bewusst auf den Konsum, indem Sie zum Beispiel mal nicht sofort nach dem neusten Smartphone-Modell Ausschau halten, nur weil die Werbung es vorgibt. Üben Sie sich regelmäßig in Bezug auf Medien und Kaufverhalten in Genügsamkeit. Das kommt nicht nur der Umwelt, sondern auch Ihrer Willenskraft und nicht zuletzt Ihrer Gesundheit zugute.

Selbstbestimmung

Wer über Fremdbestimmung klagt, sollte sich überlegen, woran es eigentlich liegt, dass er sich wie eine Marionette steuern lässt, statt die Fäden selbst zu ziehen. Entweder Sie setzen falsche Hebel in Bewegung oder Sie befinden sich in der Trägheitsfalle und wandeln Ihre Ideen nicht in Handeln um. Was hält Sie davon ab, das zu tun, was für Sie wirklich zählt? Allzu oft verlieren wir aufgrund von Erwartungen anderer unser Leben aus dem Blick. Wir möchten anderen gefallen, Konflikten möglichst ausweichen und als guter Freund oder als hilfsbereiter Kollege angesehen werden. Dabei tragen wir auch unserem Leben gegenüber eine Verantwortung.

Falscher Hebel oder Trägheitsfalle

Wenn Sie sich mehr Selbstbestimmung wünschen, überlegen Sie zunächst, was genau Sie selbst bestimmen wollen. Das klingt banal, ist aber oft nicht einfach. Wo wollen Sie hin und was hindert Sie daran? Wollen Sie Opfer oder Gestalter Ihres Lebens sein? Viele Menschen klagen und sehen vor lauter Frust die Möglichkeiten, die sich ihnen bieten, nicht. Haben Sie das Gefühl in einer Tretmühle festzustecken, reicht es manchmal aus, die Perspektive zu wechseln, um aus diesem Dilemma auszubrechen. Gehen Sie am besten gleich beherzt ans Werk.

ÜBUNG   Überlegen Sie sich Ihre Zielrichtung. Wo wollen Sie mehr mitbestimmen
und was wollen Sie mitgestalten? Listen Sie hier die drei für Sie wesent-
lichsten Aspekte auf:

1. _____

2. _____

3. _____

Gehen Sie dem Problem auf den Grund, und finden Sie heraus, was Sie
daran hindert, aktiver mitzubestimmen:

_____

_____

_____

Welche Glaubenssätze und Überzeugungen aus vergangenen Tagen
stehen Ihnen unter Umständen im Weg?

_____

_____

_____

Formulieren Sie sie positiv um! So werden sie zum Wegweiser und
spornen Sie an, erste Schritte zu gehen.

_____

_____

_____

Wie sähe Ihr Ziel aus, wenn sich über Nacht Ihre Hindernisse auflösen würden?

_____

_____

_____

Was wäre der erste Schritt, um dem gewünschten Szenario näherzukommen?

_____

_____

_____

Meiner Erfahrung nach treten bei Menschen, die sich als fremdbestimmt erleben, immer wieder typische Hindernisse auf: Sie haben ein niedriges Selbstwertgefühl, keine gute Beziehung zu ihrem „inneren Kritiker" und tappen oft unbemerkt in eine Perfektionsfalle. Um sich aus dieser Situation zu befreien, sollten Sie sich zunächst achtsam mit sich selbst und Ihrem aktuellen Status quo beschäftigen. Machen Sie sich bewusst, dass Jammern Sie nicht weiterbringt. Um aus der Fremdbestimmung auszubrechen, müssen Sie schon Eigeninitiative entwickeln.

„Auf Veränderung zu warten, ohne etwas dafür zu tun,
ist wie am Bahnhof zu stehen und auf ein Schiff zu warten."

ALBERT EINSTEIN

Sind Sie bereit zu einem Selbsttest zum Thema Selbstwertgefühl? Finden Sie heraus, was Sie sich selbst wert sind und entscheiden dann, ob Sie womöglich Ihre innere Einstellung verändern sollten. Beantworten Sie die folgenden Fragen mit einem „Ja" oder einem „Nein" und halten Sie die Anzahl jeweils in der Strichliste unten fest.

1. Können Sie spontan fünf Ihrer positiven Eigenschaften auflisten?
2. Kennen Sie Ihre Schwächen, über die Sie im Alltag häufig stolpern?
3. Sorgen Sie gut für sich in Bezug auf gesunde Ernährung, ausreichend Bewegung und Schlaf?
4. Belohnen Sie sich ab und an für besondere Leistungen?
5. Können Sie Komplimente annehmen und aushalten?
6. Mögen Sie Bilder von sich anschauen?
7. Vertreten Sie in Diskussionen standhaft Ihre Meinung?
8. Gehen Sie souverän mit Niederlagen um, wohlwissend, dass sie zum Dasein dazugehören?
9. Gehen Sie offen auf andere Menschen zu?
10. Erleben Sie Ihre berufliche Tätigkeit als sinnstiftend?

Ja ——————————————— Nein ———————————————

Zur Auswertung zählen Sie die Fragen, die Sie mit einem Ja und einem Nein beantwortet haben, zusammen. Wenn Sie mehr als fünf Antworten verneint haben, sollten Sie das Thema Selbstwert in jedem Fall näher unter die Lupe nehmen, denn ein stabiles Selbstwertgefühl wirkt sich auch positiv auf die Gesundheit aus.

Im nächsten Schritt schauen Sie sich den „Arbeitsplatz" Ihres inneren Kritikers an, der inneren Stimme, die uns gerne tadelt und uns Vorwürfe macht, wenn etwas nicht nach Plan läuft, die uns aber gleichzeitig auch anspornt und zum Nachdenken anregt.

_____

_____

_____

Was ist sein Lieblingsthema oder eine Abwertung, die er häufig ins Feld führt?

_____

_____

_____

Wann dagegen ruht er sich aus und ist in der Lage, mal „fünf gerade sein zu lassen"?

_____

_____

_____

Schließen Sie Freundschaft mit ihm, denn im Kern verfolgt er ein gutes Ziel, nämlich Sie bei Herausforderungen zu unterstützen – leider nicht immer mit den adäquaten Mitteln. Gehen Sie daher mit Kritik von innen wie mit Kritik von außen möglichst konstruktiv um und lassen Sie sich besonders bei Ihnen wichtigen Entscheidungen nicht ausbremsen. Dazu gehört auch das Setzen von Grenzen, und zwar mit Entschiedenheit und einem klaren „Nein". Denn ein „Nein" wertet Sie nicht ab. Im Gegenteil, es gibt Ihrem „Ja" wieder mehr Bedeutung.

Sabine ist in ihrer Abteilung sehr beliebt, denn sie nimmt ihren Kollegen unliebsame Arbeiten ab. Sie genießt das Gefühl, auf diese Art und Weise ein wichtiges Teammitglied zu sein. Da es ohnehin keinen Menschen gibt, der daheim auf sie wartet, macht es ihr auch nicht viel aus, länger im Büro zu bleiben. Kurze Zeit nachdem eine Kollegin in Mutterschutz gegangen ist und Sabine bereitwillig ihre Aufgaben übernommen hat, setzen bei ihr Rückenschmerzen ein. Eine körperliche Ursache für die inzwischen massiven Schmerzen kann der Orthopäde nicht feststellen. Sabine weiß sich nicht mehr zu helfen und wendet sich an einen Coach. Bei der ersten Begegnung wirkt sie sehr unzufrieden und erschöpft. Im Verlauf des Coachings wird ihre berufliche Situation näher beleuchtet und als Grund für ihre Beschwerden und auch ihre Schlaflosigkeit enttarnt. Sabine fasst Mut und beschließt, ein Gespräch mit ihrem Vorgesetzten zu vereinbaren, um die Situation zu ändern. Das Gespräch, vor dem Sabine große Angst hatte, verläuft entgegen ihren Erwartungen zu ihrer vollen Zufriedenheit. Die Aufgaben der abwesenden Kollegin werden auf alle in der Abteilung verteilt. Sabine nutzt die Gunst der Stunde, um mehr an ihrem Selbstwertgefühl und an einem klaren „Nein" zu arbeiten. Sie hat beschlossen, sich in Zukunft keine Zusatzaufgaben mehr von ihren Kollegen aufbrummen zu lassen.

Ein klares „Nein"

Langfristig respektieren uns andere mehr, wenn wir bereit sind, uns auch gegen etwas zu entscheiden, wenn es sein muss, sogar entgegen den Konventionen. Was aber noch wichtiger ist als ein „Nein" aus eigener Überzeugung, ist die Tatsache, dass wir dabei uns selbst treu bleiben und auf unsere persönlichen Bedürfnisse achten. Immerzu nur „Ja" zu sagen, generiert schnell das Gefühl der Fremdbestimmung, insbesondere wenn Sie „Nein" meinen und „Ja" sagen. Und das tun sehr viele Menschen. Falls Sie auch dazugehören, fragen Sie sich, warum Sie es tun. Ist es die Angst, abgelehnt zu werden, egoistisch und herzlos zu wirken oder, wie im Fall von Sabine, das Bedürfnis, gebraucht zu werden? Werden Sie sich klar darüber, dass ständiges Ja-Sagen Ihnen körperlich und mental schadet. Erinnern Sie sich an eine bestimmte Situation, in der es Ihnen so erging. Wie haben Sie sich nach einer Zusage gefühlt, obwohl Sie liebend gerne eine Absage erteilt hätten? Wenn es Ihnen hilft, bitten Sie sich beim nächsten Mal Bedenkzeit aus, bevor Sie sich entscheiden. Oder wählen Sie die sanfte Art, begründen Sie Ihr „Nein" oder beschränken Sie Ihr „Ja" auf eine Teilaufgabe. Lassen Sie sich selbst durch einen Schmusekurs nicht rumkriegen und feiern Sie jedes ausgesprochene standhafte „Nein" als Erfolgserlebnis!

Nein zum (Cyber-)Mobbing

Gewalt und Aggressionen im Internet finden immer häufiger statt und könnten in Zukunft noch weiter zunehmen. Sich und andere davor zu schützen, ist ein wichtiges Ziel, denn im World Wide Web fühlen sich die Täter in sicherer Distanz zum Opfer, was sie unberechenbar werden lässt. Laut Definition ist Mobbing ein gezieltes und dauerhaftes Angreifen, Schikanieren und Ausgrenzen einzelner Personen, das auch innerhalb von Unternehmen um sich greift. Häufig ist das ein Problem der Firmen, die soziale Kompetenz als Fremdwort betrachten und sich auch sonst nicht um eine angenehme Arbeitsatmosphäre kümmern. Ganz gleich, ob Sie miterleben, dass jemand gemobbt wird oder selbst betroffen sind, wehren Sie sich dagegen, sobald Sie merken, dass es sich um Anfeindungen handelt, die über das normale Maß an Meinungsverschiedenheiten hinausgehen. Bei Bedarf holen Sie sich unbedingt Unterstützung! Schützen Sie im Privatleben auch Personen, die Ihnen am Herzen liegen, besonders Kinder und Jugendliche.

Überlegen Sie sich gut, auf welchen digitalen Portalen Sie Ihre Spuren hinterlassen möchten, wo sie Likes setzen und wo Sie welche Bilder von sich posten. Gerade wenn Sie nur wenig Erfahrung mit den sozialen Medien gesammelt haben und sich dort unsicher bewegen, ist es ratsam, jemanden, der sich damit auskennt, um Rat zu fragen, insbesondere bezüglich der Sicherheitseinstellungen.

TIPP

Perfektionismus

Nobody is perfect Perfektionisten sind ständig unter Stress, weil sie ihrem übertriebenen Anspruch meist nicht gerecht werden. Menschen, die immerzu perfekt sein wollen, haben in der Regel Angst vor Ablehnung und in vielen Lebensbereichen ein großes Bedürfnis nach Anerkennung. Leben auch Sie nach dem Motto „Alles oder nichts"? Wenn Sie diese Eigenschaft besitzen, sollten Sie an der hohen Erwartung sich und anderen gegenüber arbeiten, sonst wird Unzufriedenheit Ihr ständiger Begleiter bleiben. Hinterfragen Sie, wie diese Überzeugung, perfekt sein zu müssen, entstanden ist. Oft hat sie ihren Ursprung in der Kindheit und ist mit der Erwartung der Eltern verbunden. Ein Kind, dem das Gefühl vermittelt wird, nur wenn es gute Leistung bringt, sei es liebenswert beziehungsweise es sei generell nicht liebenswert, strebt nach Perfektion. Und so kämpft der Betroffene zeitlebens nach Anerkennung, oft ohne der ungesunden Dynamik auf die Spur zu kommen. Machen Sie sich also bewusst, dass Perfektion nicht erreichbar ist und dass permanentes Streben nach Höchstleistungen häufig auf Kosten der eigenen Gesundheit geht. Mehr Selbstbestimmung in diesem Bereich heißt in der Lage sein, selbst zu entscheiden, bei welcher Angelegenheit sich der volle Einsatz wirklich lohnt, wo Sie an Ihre Grenzen stoßen und wo der Aufwand den Ertrag nicht mehr rechtfertigt. Mehr zum Thema Selbstbestimmung finden Sie in meinem gleichnamigen Buch.

Allzu oft wenden wir aufgrund von Erwartungen anderer den Blick von unserem Leben ab und vergessen dabei, was uns Kraft spendet und im Alltag Sinn stiftet. Schauen Sie sich Ihre Kraftquellen genauer an, und finden Sie heraus, was Ihrem Leben Sinn verleiht. Wer weiß, was für überraschende Erkenntnisse Sie dabei gewinnen! Üben Sie sich in Genügsamkeit, denn sie ist ein wichtiger Schlüssel zu mehr Zufriedenheit. Sie macht den Kopf frei und bringt Sie in Einklang mit Ihren inneren Werten. Manchmal kann weniger wesentlich mehr sein, als es scheint. Finden Sie heraus, welcher Weg zu mehr Genügsamkeit Ihnen am meisten zusagt. Wünschen Sie sich mehr Selbstbestimmung, listen Sie zunächst auf, worum es Ihnen dabei geht. Das klingt banal, ist aber erfahrungsgemäß nicht ganz einfach. Machen Sie sich klar, was Sie daran hindert, Ihre Ideen umzusetzen, und wie Sie diese Hindernisse aus dem Weg räumen können. Lernen Sie, anderen gegenüber Grenzen zu setzen: mit einem klaren „Nein". Arbeiten Sie regelmäßig daran, Ihren Perfektionismus in den Griff zu kriegen, falls Sie diese Charaktereigenschaft bei sich entdeckt haben. Denn übertriebene Kritik an sich selbst und an anderen hemmt Sie. Loten Sie achtsam aus, wo sich der volle Einsatz tatsächlich lohnt und wo Sie an Grenzen stoßen. Lesen Sie dazu gerne noch einmal das Kapitel zum Thema (Selbst-)Empathie. Hier stecken viele Lösungsansätze, besser mit dem eigenen Perfektionsstreben umzugehen und zu mehr Zufriedenheit und Selbstbestimmung zu gelangen.

Wie Sie sich mehr Glück im Leben sichern und was Loslassen und Positivität damit zu tun haben

Glück hat für jeden von uns eine andere Bedeutung Was bedeutet für Sie persönlich Glück und womit ist es verbunden? In meinem Trainingsalltag erlebe ich immer wieder, dass Glück sehr unterschiedliche Bedeutungen haben kann. Ein Topmanager beantwortet die Frage anders als eine junge Mutter oder eine Patientin, die vor Kurzem erst eine Krebsdiagnose erhalten hat. Glück ist sehr facettenreich und bedeutet für jeden von uns etwas anderes, abhängig von der persönlichen Situation, dem sozialen Status und den Erwartungen an das Leben. Leider haben manche Menschen sich unbewusst dafür entschieden, unglücklich zu sein, und halten ein Leben lang daran fest. In dieser Situation ist es fast unmöglich, die kleinen alltäglichen Momente des Glücks wahrzunehmen und sie zu einem großen Ganzen zusammenzusetzen.

Ist es nicht auch ein bisschen Glück, in einem so spannenden Zeitalter zu leben und daran teilzuhaben, wie sich durch die Digitalisierung unsere Lebenswelt verändert und sich uns zahlreiche neue Gestaltungschancen bieten? Sicher kommt es auf den Blickwinkel an, aus dem heraus wir die Gegebenheiten betrachten. Immer haben wir die Wahl, einer Sache etwas Gutes oder etwas Schlechtes abzugewinnen. Ist das Glas halb voll oder aber halb leer? Durch die Neuroplastizität unseres Gehirns sind wir lebenslang in der Lage, Denkweisen und Verhaltensmuster zu erlernen, die die positiven Kräfte in uns fördern. Diese Erkenntnis ist äußerst wichtig, denn sie verleiht uns die Kraft, unsere Sichtweise auf bestimmte Gegebenheiten zu ändern. Damit können wir gelassener mit einer Situation umgehen, gerade wenn eine direkte Einflussnahme nicht in unserer Macht liegt. Verschwenden Sie also keine Energie darauf, sich über Sachverhalte zu ärgern, die sich nicht ändern lassen. Nehmen Sie diese stattdessen als gegeben hin, und nutzen Sie Ihre Energie dafür, Dinge zu verändern, die sich ändern lassen, und für die schönen Dinge des Lebens.

Gelassenheit und Resilienz

Gelassenheit hat mit loslassen und zulassen zu tun. Beides sind wichtige Bestandteile von Fortschritt. Gelassenheit hilft, sich dem ständigen Wandel anzuvertrauen und im Fluss des Lebens zu bleiben. Indem wir bewusst loslassen, schaffen wir Raum für Neues, und indem wir Neues zulassen, fördern wir Entwicklung und Innovation. Nur so gelingt es uns, zukünftigen Herausforderungen souverän und mit innerer Ruhe zu begegnen. Gelassenheit ermöglicht es uns, mit dem beständigen Wandel so umzugehen, dass sowohl wir als Individuum als auch die Unternehmen davon profitieren, statt darunter zu leiden.

Altes loslassen, Neues zulassen

Befreien Sie sich von unnötigem Ballast! Denken Sie dabei nicht nur an Gerümpel im Wohnraum und Garten, sondern insbesondere an veraltete Vorstellungen, schlechte Gewohnheiten, vergangene Beziehungen oder belastende Gedanken. Listen Sie auf, welche Dinge und Ideen Sie liebend gerne hier und jetzt loslassen würden:

ÜBUNG

_____

_____

_____

_____

_____

Legen Sie diese Liste gut sichtbar auf Ihren Nachttisch und ziehen Sie jeden Abend über Ihre Fortschritte Resümee. Wobei haben Sie heute anders reagiert, als Sie selbst oder andere es von Ihnen in der Vergangenheit erwartet hätten? Klopfen Sie sich dafür selbst auf die Schulter, wenn es sonst niemanden gibt, mit dem Sie es teilen könnten. Laden Sie Neues in Ihr Leben ein, aber seien Sie dabei durchaus wählerisch und gehen Sie mit Bedacht vor.

TIPP Schicken Sie Überholtes und Belastendes auf Reise.
In jedem Erwachsenen steckt ein Kind. Und Kinder mögen und brauchen Rituale und spielerische Elemente, auch zum Abschied. Wenn Ihnen etwas auf der Seele liegt, das Sie belastet und das Sie loslassen möchten, listen Sie es auf oder skizzieren Sie es auf einem Blatt Papier im DIN-A4-Format. Das kann auch eine Botschaft an eine Person sein, der Sie den Brief nicht persönlich geben wollen oder können. Dann falten Sie das Blatt zu einem Papierboot und schicken es in einem Fluss auf Reise. Falls Sie inzwischen vergessen haben, wie das funktioniert: Schon mit wenigen Klicks finden Sie eine Anleitung dazu im Internet. Diese Vorgehensweise kann sehr heilsam sein und Ihrem Leben eine neue Richtung geben.

Offen sein gegenüber Vielfalt

Diversität und positive Fehlerkultur

Auch ein empathischer Blick auf sich selbst und auf seine Mitmenschen macht gelassener. Gestehen Sie Ihren Mitmenschen eine eigene Sichtweise zu, ohne ihnen Ihre Meinung aufzuzwingen. Die Vielfalt der Identitäten und Kulturen ist ein starker Motor für die Innovations- und damit für die Zukunftsfähigkeit der Unternehmen. Diversität, die Unterschiedlichkeit von Herkunft, Hautfarbe oder Geschlecht, lehrt uns, nicht nur global zu denken, sondern auch auf unterschiedliche Talente zu setzen, neue

Lösungsansätze zu finden und gelassener mit Fehlern umzugehen. So lässt sich eine positive Fehlerkultur besser etablieren, die Scheitern und Fehler auf dem Weg zum Erfolg einkalkuliert und verzeiht. Denn nur wenn auf allen Hierarchieebenen ein angstfreier Austausch über Probleme stattfinden kann, können Beschäftigte agil und lernfähig bleiben und somit kreativ und innovativ agieren.

„Vielfalt, so anstrengend sie manchmal auch erscheinen mag, ist letztlich die Grundlage für Wandlungsfähigkeit einer Organisation."

ANA-CRISTINA GROHNERT,
VORSTANDSVORSITZENDE DER CHARTA DER VIELFALT E.V.

Resilienz

Wer sich dauerhaft in Gelassenheit übt, wird zunehmend resilienter. Auch hier greift das Konzept der Salutogenese, denn mit mehr innerer Balance gelingt es uns wesentlich leichter, Hürden und Rückschläge nicht als unüberwindbare Hindernisse zu sehen, sondern als notwendige Schritte auf dem Weg zum Ziel. Resilienz beschreibt dabei die psychische Widerstandskraft, mit der man entweder von Geburt an ausgestattet ist oder die man sich im Laufe des Lebens erarbeiten sollte, um nicht auszubrennen.

Lösungs- statt Problem- orientierung

Testen Sie Ihre persönliche Resilienz:

ÜBUNG

Kreuzen Sie die Fragen an, die Sie bejahen würden.

- ☐ Fällt es Ihnen in der Regel schwer, sich auf neue Menschen und Situationen einzustellen?
- ☐ Blicken Sie tendenziell mit Sorgen in die Zukunft?
- ☐ Geraten Sie bei heiklen Aufgaben schnell unter Stress?
- ☐ Erleben Sie sich häufig selbst als Pechvogel?
- ☐ Hängt Ihre Zufriedenheit überwiegend davon ab, ob Dinge nach Ihrem Plan ablaufen?

☐ Reagieren Sie auf Kritik schnell gekränkt und beleidigt?

☐ Stellen Sie Ihre Schwächen stärker in den Vordergrund als Ihre Stärken?

☐ Geben Sie schnell auf, wenn die Situation sich als schwieriger herausstellt als zunächst angenommen?

☐ Brauchen Sie lange, bis Sie sich von einer Niederlage erholen?

☐ Fällt es Ihnen schwer, andere um Hilfe zu bitten?

Je mehr Fragen Sie angekreuzt haben, desto stärker tendieren Sie dazu, pessimistisch an Aufgaben heranzugehen, Belastungen zu meiden und vorzeitig den Kopf in den Sand zu stecken. Bei fünf oder mehr Ja-Antworten sollten Sie Ihre Haltung hinterfragen.

ÜBUNG

Bei welchen Fragestellungen oder in welchen Situationen geraten Sie schnell ins Straucheln?

_____

_____

_____

Wer oder was trifft Ihren wunden Punkt am besten, beruflich wie privat?

_____

_____

_____

Jetzt haben Sie Ihre „Baustellen" identifiziert. Schätzen Sie im nächsten Schritt ein, wie viel Energie es Sie kostet, sich über diese Dinge und Personen zu ärgern. Gehen Sie von 100 % Prozent Energie aus, die Ihnen am Tag zur Verfügung steht. Was zapfen diese Ärgernisse täglich davon ab?

_____ %

Machen Sie sich nun bewusst, wie viel Energie Ihnen täglich mehr zur
Verfügung stünde, wenn Sie sich nicht über diese Themen ärgern und
ihnen stattdessen mit mehr Gelassenheit begegnen würden. Wo könnten
Sie diese Energie besser investieren?

_____

_____

_____

. . . .

Behaupten Sie von sich, ein Pessimist zu sein? Überlegen Sie, woher   ÜBUNG
diese Weltsicht stammt. War Ihre Einstellung rückblickend betrachtet
schon immer so oder können Sie einen Auslöser benennen?

_____

_____

_____

Wie gehen Sie für gewöhnlich mit schwierigen Aufgaben um? Betrachten
Sie sie als Herausforderungen oder als (unüberwindbare) Hürden?

_____

_____

_____

. . . .

Es ist ganz natürlich, dass Probleme zunächst Widerstand verursachen. Wird dieser jedoch zu groß, verschärft er nur noch mehr das Problem, und wir versuchen es zu umgehen, statt nach der Lösung zu suchen. Betrachten wir diese Gegebenheit als Aufgabe, die zum Leben dazugehört, verliert sie an Größe, und wir gewinnen an Zuversicht, die Herausforderung meistern zu können. Denken Sie daher am besten gleich in Lösungswegen und fragen Sie sich:

- Welche meiner Stärken fordert das Problem heraus?
- Welchen Nutzen kann die Bewältigung der Aufgabe für mich haben?
- Wie kann ich daran wachsen?
- Was ist der erste Schritt auf dem Weg zur Lösung?

Manchmal ist auch Trägheit oder Bequemlichkeit eine Strategie, heikle Angelegenheiten nicht anzugehen. Sie zahlt sich jedoch selten aus, denn weder wird das Problem gelöst noch machen wir uns bei anderen damit beliebt. Wie so oft im Leben hilft auch hier der goldene Mittelweg zur Orientierung: Machen Sie aus einer Mücke keinen Elefanten, gehen Sie stattdessen beherzt auf das Problem zu und betrachten es mithilfe der oben genannten Fragen. Verbinden Sie sich mit Ihrer intuitiven Quelle, die sowohl das Rationale als auch das Emotionale mit in Betracht zieht (siehe Kapitel zur Intuition), und machen Sie sich daran, das Problem aus dem Weg zu räumen.

Julia geht neue Herausforderungen voller Elan an, bleibt allerdings nie lange bei der Sache. Sobald erste Schwierigkeiten auftauchen, nutzt sie den Weg des geringsten Widerstands, um dem Problem so schnell wie möglich zu entkommen und die Aufgabe hinter sich zu lassen. Sich richtig durchzubeißen, hat Julia nie gelernt. Ihre Frustrationstoleranz ist schwach, und sie tut sich schwer, sich mit Dingen intensiv auseinanderzusetzen, die sie Kraft kosten und nicht unmittelbar zum Erfolg führen. Das wirkt sich auch auf ihr Privatleben aus. Julia sieht sich schnell von anderen ausgebremst und gibt ihnen die Schuld für ihr Versagen. Nach einem ersten Gespräch mit einem Coach beginnt Julia, Schritt für Schritt an ihrem Problem zu arbeiten.

Die ersten Erfolge machen sie mutiger und stärken ihren Willen, ein Projekt trotz Schwierigkeiten weiterzuverfolgen und auszubauen. Sie erkennt, dass ihr Tätigkeitsfeld ihr viele Möglichkeiten bietet, vollkommen selbstständig und ohne Einwirkung anderer Ziele zu erreichen und Erfolge zu feiern. Auch ihre schwierige Partnerschaft stabilisiert sich wieder.

Kein Mensch mag Niederlagen, doch ist es enorm wichtig, sich darin zu üben, mit Belastungen und Problemen souverän umzugehen. Bleiben Sie nach einem Rückschlag dran, und stehen Sie bald wieder auf, nachdem Sie neue Kraft getankt und Mut gefasst haben. Sorgen Sie in diesem Kontext gut für sich, indem Sie sich auch im Fall des Scheiterns für Ihren Einsatz belohnen. Wenn wir die Niederlagen nicht gut wegstecken und uns immerzu als Opfer betrachten, werden wir niemals einen Höhenflug erreichen. Eine innere Stabilität, die durch Immer-wieder-Aufstehen trainiert werden kann, ist eine wichtige Eigenschaft des Mitarbeiters von morgen. Scheitern macht Sie nicht zu einem schlechteren Menschen, sondern hoffentlich zu einer gelasseneren und resilienteren Persönlichkeit.

Gelingende Beziehungen

Wer in einer glücklichen Beziehung lebt, sollte sie pflegen. Der Mensch ist ein soziales, auf den Dialog ausgerichtetes Wesen und ständig bemüht, die Zuwendung und Nähe anderer zu gewinnen. Eine gut funktionierende Partnerschaft ist sinnstiftend und trägt zur Gesundheit beider Partner bei. Laut einer Paarstudie aus den USA mit dem Titel „Happy you, healthy me? Having a happy partner is independently associated with better health in oneself" wirkt sich das Glück des Partners stärker auf die eigene Gesundheit aus als angenommen. So können sich beide gegenseitig motivieren und gesundheitsfördernde Verhaltensweisen etablieren. In Zeiten, wo Veränderung die sicherste Konstante ist, stillen Liebe, Vertrauen und ein aufrichtiges Interesse am Gegenüber unsere Sehnsucht nach Verlässlichkeit und geben uns zusätzlichen Halt im Leben.

Happy you, healthy me

So einzigartig, wie wir alle sind, sind auch unsere Beziehungen. So hat jede ihre eigene Dynamik, daher kann es kein Patentrezept für eine erfüllte und glückliche Partnerschaft geben. Allerdings haben wir alle unsere Muster, reagieren in vielen Fällen ähnlich und dabei leider nicht immer im Sinne einer guten Partnerschaft. Häufig bereuen wir unser Verhalten später, sind jedoch zu stolz, um auf den anderen zuzugehen, und entscheiden uns für die Flucht. Oder wir fühlen uns missverstanden und räumen zutiefst verletzt das Feld. Langfristig sind beide Vorgehensweisen wenig sinnvoll. Das Paar entfernt sich zunehmend voneinander, bis es sich unglücklich eingestehen muss, dass es keine Gemeinsamkeiten mehr gibt. Damit ziehen die Partner dann den Schlussstrich und stürzen sich unter Umständen gleich in ein neues Abenteuer, das vielleicht schon bald ganz ähnlich endet. Damit das nicht passiert, widmen wir uns dem Thema etwas eingehender.

Keine Beziehung gleicht einer anderen, denn jede hat eine eigene Dynamik.

ÜBUNG Stellen Sie sich im Vergleich zu obiger Situation eine Partnerschaft vor, die beide Seiten pflegen. Auch wenn es nicht immer einfach ist, weil neben den Aufgaben des Alltags unter Umständen noch Kinder oder (pflegebedürftige) Angehörige mit im Spiel sind. Überlegen Sie: Wovon würden Sie sich künftig mehr in Ihrer Partnerschaft wünschen und was würden Sie stattdessen anders machen als bisher?

Mehr: _____

_____

Anders: _____

_____

Kommen Sie mit Ihrem Partner/Ihrer Partnerin ins Gespräch.
Überlegen Sie, wie es Ihnen gemeinsam gelingen kann, Ihre Wünsche
in die Tat umzusetzen.

_____

_____

_____

Sollten Sie aktuell in keiner Beziehung sein, dann überlegen Sie, worauf
Sie großen Wert legen und was Sie im Gegenzug daran hindern würde,
mit jemandem eine Partnerschaft einzugehen.

_____

_____

_____

Um eine Partnerschaft am Blühen zu erhalten, gibt es viele Möglichkeiten. Das hängt maßgeblich von Ihrer eignen Vorstellung von einer gelungenen Beziehung ab. Reden Sie mit Ihrem Partner oder Ihrer Partnerin darüber, tauschen Sie sich regelmäßig aus, verbringen Sie bewusst Zeit miteinander, und haben Sie keine Angst davor, sich ihm oder ihr gegenüber verletzlich zu zeigen. Denn wer sonst, wenn nicht Ihr Partner, sollte Sie so authentisch kennen, wie Sie wirklich sind?

*„Verletzlichkeit zu zeigen beruht auf Gegenseitigkeit
und setzt Grenzen und Vertrauen voraus."*

BRENÉ BROWN

Sich ständig zu verbiegen oder nach Vollkommenheit zu streben, macht auf Dauer unglücklich. Mit dieser Haltung steht die Beziehung auf wackeligen Beinen. Dagegen heißt Verletzlichkeit zu zeigen, etwas von sich preiszugeben, dem anderen gegenüber die eigenen Gedanken und Gefühle zu äußern sowie Schwächen zuzugeben. Erst wenn wir glauben, dass wir unserem Partner vertrauen können, gehen wir das Risiko ein, uns ihm zu offenbaren. Erwidert er das Vertrauen und zeigt sich auch verletzlich, sind beide einander ein Stück nähergekommen. Zeigt der Partner dagegen Unverständnis oder geht auf das Verhalten nicht weiter ein, zieht sich der andere meist wieder zurück. Gegenseitiges Vertrauen ist eine unumgängliche Investition in eine Partnerschaft. Sollte es Ihnen im Laufe der Beziehung verloren gegangen sein, so ist es erforderlich, es wiederherzustellen.

Hört der Mensch, den wir lieben und mit dem wir emotional am stärksten verbunden sind, auf, sich für uns zu interessieren und Arbeit in die Beziehung zu investieren, beginnen wir, an uns selbst zu zweifeln. Wir glauben, nicht mehr zu genügen. Der innere Kritiker meldet sich dann vehement zu Wort. Manche ziehen sich dann still zurück, andere suchen verzweifelt nach Wegen, um Aufmerksamkeit zu erregen. Wieder andere lassen emotional los und orientieren sich neu, ohne den Partner darüber in Kenntnis zu setzen. Um Verletzungen, die häufig aus solchem Verhalten resultieren, auf beiden Seiten vorzubeugen, ist es wichtig, den Partner an seinen Gedanken teilhaben zu lassen, noch bevor sich das Vertrauen aufzulösen beginnt. So lassen sich Missverständnisse ausräumen und für beide Seiten klare Verhältnisse schaffen.

Lenken Sie regelmäßig Ihre Aufmerksamkeit auf die positiven Seiten Ihrer Partnerschaft:

Was in Ihrer Beziehung läuft richtig gut?

_____

_____

_____

Was schätzen Sie an Ihrem Partner / Ihrer Partnerin besonders?

_____

_____

_____

Was würden Sie vermissen, wenn er/sie einmal für längere Zeit verreisen würde?

_____

_____

_____

Vielleicht stellen Sie überraschend fest, dass es sehr viel Positives in Ihrer Beziehung gibt. So verändert sich manchmal die Wahrnehmung, wenn man das Gute im Visier hat, statt immerzu den Blick auf die Unvollkommenheiten zu richten.

Alleinsein · Unter Umständen kann auch die Aufgabe einer Beziehung, die nicht mehr zu retten ist, befreiend wirken und Neues anbahnen. Denn am Belastenden krampfhaft festzuhalten, ergibt keinen Sinn. Vielleicht wenden Sie sich zunächst beherzt der Selbstfürsorge zu und genießen die Zeit alleine oder mit Freunden. Manchmal brauchen wir Zeit für uns selbst, um Dingen auf den Grund zu kommen und das Alleinsein als Bereicherung zu erleben. Dann erst verlieren wir die Angst davor und betrachten eine Beziehung mit anderen Augen. Wir erkennen, dass eine Partnerschaft immer einen Mehrwert für beide Seiten bieten sollte.

WISSENSWERTES

Berührung, die mit Liebe und Geborgenheit assoziiert wird, hat eine erstaunlich positive Auswirkung auf unsere Gesundheit und unser Wohlbefinden. Damit haben wir uns bereits im Kapitel zum Thema Mitgefühl beschäftigt. Der Tastsinn hat eine übergeordnete Funktion, deswegen wirken Zärtlichkeiten wie Verstärker positiver Gefühle. Sollte die Zukunft durch den Einsatz humanoider Roboter noch berührungsärmer werden, sorgen Sie vor, und gewöhnen Sie sich an, die Menschen, die Ihnen am Herzen liegen, häufiger liebevoll in den Arm zu nehmen.

TIPP

Wenn es Ihnen schwerfällt, den Satz „Ich liebe dich" auszusprechen, selbst wenn es zutrifft, suchen Sie nach Möglichkeiten, Ihre Gefühle durch Gesten zu zeigen. Finden Sie die Ursache heraus, warum es Ihnen nicht liegt, diesen Satz zu sagen. Haben Sie Angst vor Zurückweisung, oder fällt es Ihnen schwer, Gefühle zu zeigen? An beidem lässt sich arbeiten.

Streit in der Partnerschaft

Dauerhafte Streitigkeiten können sehr zermürbend sein und sich negativ auf die Gesundheit auswirken. Daher sollte der Fokus immer auf der Lösung statt auf der Schuldzuweisung sein. Leider sehen viele Paare den Streit nicht als Möglichkeit, den Konflikt zu lösen, sondern als Wettstreit, bei dem nur einer gewinnt und der andere verliert. Gerade diese Überzeugung macht jede Meinungsverschiedenheit zu einem unnötigen Machtkampf. Dabei ist es in der Partnerschaft enorm wichtig, sich ernsthaft um Kompromisse zu bemühen. Damit Ihnen das zukünftig besser gelingt, hier eine Hilfestellung:

Zehn Spielregeln achtsamer Streitkultur in der Partnerschaft

1. Bedenken Sie: Der Ton macht die Musik. Vermeiden Sie aggressives und beleidigendes Verhalten.
2. Sprechen Sie für sich in der Ich-Form, äußern Sie Ihre Bedenken, Gefühle und Wünsche ebenso wie Lösungs- oder Kompromissvorschläge.
3. Bleiben Sie beim Thema, ohne durch „immer" oder „nie" zu verallgemeinern.
4. Schimpfen Sie nicht auf Dritte, beispielsweise die Schwiegermutter, weil Ihnen die Argumente ausgehen.
5. Lassen Sie Ihr Gegenüber ausreden und hören Sie aktiv zu.
6. Geben Sie eigene Schwächen und Fehler zu, und entschuldigen Sie sich, wenn es angebracht ist und der Sache dient.
7. Versuchen Sie den anderen zu verstehen, und wechseln Sie die Perspektive, um den strittigen Punkt aus der Sicht Ihres Partners zu betrachten.
8. Seien Sie ehrlich und wertschätzend.
9. Bleiben Sie beim Thema, eröffnen Sie keine Nebenschauplätze.
10. Hören Sie auf, falls Ihre Emotionen zu stark werden, sodass die Auseinandersetzung zu eskalieren droht, und verschieben Sie den Streit auf einen anderen konkreten Zeitpunkt.

Konflikte müssen nicht zwangsläufig zu gegenseitigen Verletzungen führen. Ganz im Gegenteil – sie können eine Beziehung auch stärken. Denn nicht der Mensch, den wir lieben, ist das Problem, sondern nur eine seiner Eigenschaften, Meinungen oder Verhaltensweisen macht uns Schwierigkeiten.

Marc und Alexa, beide Ärzte mit eigener Praxis und seit vielen Jahren ein Paar, hatten durch ihre ständigen Streitereien das Gefühl, sich auseinandergelebt zu haben. Beinahe jede Auseinandersetzung glich einem Drama und drohte das Ende der Beziehung darzustellen, dabei handelte es sich oft nur um Kleinigkeiten. Im Urlaub dagegen ging es zwischen den beiden sehr harmonisch zu. Doch im Streit holten sie immer weit aus und warfen sich längst vergangene Dinge an den Kopf, sodass am Ende gar nicht klar war, womit der Stress eigentlich begonnen hatte. Beim Coaching lernen sie, beim Thema zu bleiben, einander achtsam zuzuhören und auf die Vorwürfe des Gegenübers möglichst konkret und ohne Beleidigungen zu reagieren. Sie suchen gemeinsam nach einer Lösung für ihr Problem. Inzwischen haben die beiden erkannt, dass sie bedingt durch ihren Beruf sehr unter Druck stehen und insgesamt zu wenig Zeit in die Partnerschaft investieren.

Wenn Sie mehr darüber erfahren möchten, was Sie für eine gelungene Paarbeziehung tun können, empfehle ich Ihnen mein Buch *Zweisamkeit – Achtsam und verbunden als Paar.*

Familienbande

Welchen Einfluss unsere Ursprungsfamilie auf uns hat, ist in diesem Zusammenhang sehr interessant. Hier ist die Spannweite der Gefühle meist besonders groß und reicht von inniger Verbundenheit bis zu bitterster Kränkung. Wir haben uns die Eltern und Geschwister nicht ausgesucht, dennoch prägen sie uns nachhaltig und beeinflussen unser Denken und Handeln ein Leben lang. Es geht also um mehr als nur Gene, auch wenn sie einen großen Einfluss auf unser Äußeres, unsere Persönlichkeit, unser Sozialverhalten, unseren Umgang mit der eigenen Gesundheit und auch auf unsere Resilienz haben, um nur einige Bereiche zu nennen. Allein die Wahrnehmung von Glück wird zu etwa 50 Prozent von unseren Genen bestimmt – erstaunlich und für viele sicher auch etwas bedrückend, vor allem wenn die Eltern Glück nur negativ thematisiert haben. Aber keine Sorge! Das Glück hängt laut der Glücksforscherin Sonja Lyubomirsky zu 40 Prozent auch von Ihnen selbst ab und nur zu 10 Prozent von den äußeren Umständen. Das ist die gute Nachricht!

Zunächst aber zurück zu Ihren Wurzeln: Ist Blut wirklich dicker als Wasser? Wie steht es um die Beziehung zu Ihren Eltern und Geschwistern, sofern Sie noch Geschwister haben?

Wer stand Ihnen als Kind näher, Ihre Mutter oder Ihr Vater, und warum?   ÜBUNG

_____

_____

Wem der beiden sind Sie heute ähnlicher und woran machen Sie das fest?

_____

_____

Wie hat sich im Laufe der Jahre, nachdem Sie Ihr Elternhaus verlassen haben, die Beziehung zu Ihren Geschwistern entwickelt? Was waren die Höhe- und was und wann die Tiefpunkte?

_____

_____

Wie sähe Ihre Beziehung zu ihnen aus, wenn Sie einen Wunsch frei hätten?

_____

_____

_____

Können Sie sich vorstellen, etwas in diese Richtung zu unternehmen? Was wäre der erste Schritt?

Warum bleiben Kinder lebenslang Kinder? Der Grund dafür liegt darin, dass im Gehirn Bindungsmuster als Basiscodierung ein Leben lang erhalten bleiben. Sie zu löschen, würde sehr viel Kraft erfordern, trotz der Neuroplastizität des Gehirns.

Warum schaffen es Eltern und Geschwister, uns in Windeseile „auf die Palme zu bringen"? Weil sie in bestimmten Situationen Reize aussenden, die bereits seit der Kindheit gewisse Denk-Fühl-Verhaltensprogramme in uns aktivieren, die meist unbewusst ablaufen und nicht immer positiv ausfallen.

Die Familie als Keimzelle der Gesellschaft hat in der Vergangenheit an Bedeutung eingebüßt. Wird unsere Arbeit aufgrund der Digitalisierung flexibler und mobiler, könnten wir mehr Zeit mit unseren Familienangehörigen verbringen. Das würde die Wertigkeit und den Zusammenhalt der Familie wieder stärken, wovon sicher jedes Mitglied auf seine Art profitieren würde.

Außerdem können uns auch Freundschaften und soziale Kontakte, die auf Geben und Nehmen basieren, glücklich machen und viel Gutes bewirken, daher lohnt es sich, auch diese zu pflegen!

Positives Mindset

Positivität

Ebenso wie Gesundheit weit mehr als die Abwesenheit von Krankheit ist, ist die seelische Gesundheit zweifelsohne weit mehr als die Abwesenheit von psychischen Störungen. Der Ansatz der Positiven Psychologie, allen voran von dem US-amerikanischen Psychologen Martin Seligman begründet, setzt sich mit den Ressourcen des Individuums auseinander und ist daher mit der Grundidee der Salutogenese in Bezug auf die Psyche vergleichbar. Die Positive Psychologie möchte dazu beitragen, dass Menschen ihre Potenziale erkennen, ausbauen und einsetzen, positive Gefühle erleben und sie als Ressource für die eigene Weiterentwicklung nutzen. Dass mit diesem positiven Mindset, also einer bejahenden Denkweise, ein größeres Glücksgefühl einhergeht, liegt nahe. Die Positivität, die daraus erwächst, steht für eine lösungs- und wachstumsorientierte Grundhaltung. Sie befähigt den Menschen dazu, sich auf seine Stärken statt auf die Schwächen zu konzentrieren. Aufgrund der positiven Dynamik blüht nicht nur jeder Einzelne auf, sondern es entsteht auch für die Unternehmen und Institutionen ein Mehrwert.

. . . .

„Das gute Leben ist ein Prozess, kein Zustand."

CARL ROGERS

. . . .

Wo würden Sie Ihre persönlichen (Charakter-)Stärken verorten? Listen Sie mindestens drei auf.

ÜBUNG

_____

_____

_____

_____

Welche dieser Stärken würden Sie gerne in Zukunft noch ausbauen? Gehen Sie Ihre Liste nach dem Smiley-Prinzip durch: ☺ für mehr als genug, ☺ für gutes Mittelmaß, ☹ für ausbaufähig. Setzen Sie die Smileys hinter jede Ihrer Stärken.

· ·

Natürlich haben wir alle auch (kleine) Schwächen. Sie sind der natürliche Gegenpol zu den Stärken. Solange sie nicht zu ständigen Stolpersteinen werden, darf das auch so sein, denn niemand ist perfekt. Begegnen Sie Ihren Schwächen mit Wohlwollen und Selbstempathie, statt sich über sie zu ärgern.

Positive Gefühle sind ein wertvoller Schatz. Sie erweitern unser Gedankenrepertoire und stärken unsere Ressourcen. Daher ist es wichtig, sie bewusst wahrzunehmen und sie zu verankern, um mit der Zeit an ihnen zu wachsen. So verknüpfen Sie eine positive Emotion mit einem körperlichen oder mentalen Fokus (Anker), um sie später mühelos reproduzieren zu können:

· ·

ÜBUNG   Positive Emotionen verankern

1. Wählen Sie ein positives Gefühl aus, das Sie verankern möchten.
2. Erinnern Sie sich an eine Situation, wo dieses Gefühl in Ihnen ganz präsent war.
3 Versuchen Sie sich bestmöglich in diese Situation hineinzuversetzen und nutzen Sie dafür alle Ihrer Sinne.
4. Lassen Sie dazu ein Bild vor Ihrem inneren Auge entstehen, ganz so, als ob Sie den Moment noch einmal durchleben würden.
5. Lassen Sie das vorherrschende Gefühl eine Zeit lang intensiv auf sich wirken.

· ·

Finden Sie einen passenden Anker für Ihr Gefühl, mit dem Sie es immer wieder hervorholen können. Das kann eine Geste oder ein Fingerschnippen sein, eine Farbe oder ein Bild, mit dem Sie dieses Gefühl in Zusammenhang bringen.

Generieren Sie diese Emotion im Alltag immer dann, wenn Sie sich in eine positive Stimmung versetzen oder ein belastendes Gefühl ausblenden möchten. Dadurch wird Ihr Problem nicht kleiner, aber Sie bekommen den Kopf frei und gewinnen etwas Abstand. Unter Umständen können Sie danach eine wesentlich bessere, weil objektivere, Entscheidung treffen, falls nötig.

Achten Sie im Alltag stärker auf Ihre innere Einstellung. Sie prägt Ihre Überzeugungen, die wiederum über Ihr Verhalten entscheiden. Und Ihr Verhalten lässt Sie gute oder schlechte Erfahrungen machen, belegt manche sich selbst erfüllende Prophezeiung und führt am Ende wieder zu einer inneren Einstellung, die Ihr Weltbild vermutlich bestätigt. Richten Sie sich also positiv aus und denken Sie in Chancen statt in Problemen. Hier einige Beispiele zum Vergleich:

Problemdenken 👎
- Das schaffe ich niemals.
- Da ist sicher ein Haken dran.
- Ich kann das nicht.
- Wenn etwas schiefgeht, dann gleich alles.

Chancendenken 👍
- Es gibt immer eine Lösung.
- „Geht nicht" gibt's nicht.
- Misserfolge sind Zwischenergebnisse.
- Gleich noch mal versuchen.

Treten negative Gedanken auf, hilft es, sich selbst positiv zu programmieren. Dies gilt auch bei Ungeduld, Hektik oder wenn Sie wütend werden. Sie können sich dann innerlich beruhigen, indem Sie z. B. folgenden Satz verankern: Ich bin ganz ruhig und entspannt. Oder Sie verbinden einen positiven Gedanken mit dem Atem, indem Sie kurz innehalten und sich vorstellen, wie Sie mit dem nächsten bewussten Atemzug frische Energie einatmen und mit dem folgenden Ausatmen Ihre Wut loslassen.

Was uns innerlich beschäftigt, wirkt sich im Außen in unserer Wortwahl und im Handeln aus. Positive Formulierungen sind in diesem Zusammenhang nicht nur vorteilhaft und angenehm für unser Gegenüber, sie wirken sich auch motivierend auf uns selbst aus. Als eine Art Rückkopplung üben sie einen positiven Einfluss auf unsere Gedankenwelt aus. Dabei geht es nicht um übertriebene Schönfärberei. Eine rosarote Brille brauchen Sie dazu nicht, wohl aber Achtsamkeit und eine Prise Positivität. Denn unsere Worte bestimmen über unsere Wahrnehmung und tragen somit zu unseren Erfolgen und Misserfolgen bei. Notorischen Pessimisten sei an dieser Stelle gesagt: Wer schon mit Sprache Negativität verbreitet, läuft geradewegs in die Falle des Misserfolgs. Hier einige Beispiele:

Negativ 👎	Positiv 👍
Der zweite Vorschlag ist völlig unbrauchbar.	Der erste Vorschlag erscheint mir viel besser.
Wir machen Mittagspause von 13 bis 15 Uhr. In dieser Zeit empfangen wir keine Kunden.	Wir sind täglich von 9 bis 13 Uhr und von 15 bis 20 Uhr für Sie da und freuen uns auf Ihren Besuch.
Ich habe keine Ahnung, wie das funktioniert.	Ich werde mich informieren, dann rufe ich Sie wieder an.

Nur weil Ihnen etwas einmal misslungen ist, heißt das noch lange nicht, dass Sie eine Tätigkeit nicht beherrschen. Wer so formuliert, der verallgemeinert und bremst sich dadurch selbst aus. Das entspricht einem Schwarz-Weiß-Denken, dabei ist die Realität viel differenzierter. Positiv zu formulieren heißt, die Nuancen zwischen Schwarz und Weiß zu erfassen und so präzise wie möglich zu kommunizieren. Auch hier wieder einige Beispiele zur Unterscheidung:

Verallgemeinert 👎	Optimistisch 👍
Der Urlaub war eine Katastrophe.	Die erste Urlaubswoche war traumhaft. In der zweiten spielte das Wetter nicht mit.
Ständig läuft etwas schief.	Bis auf einige Ausnahmen klappt alles ganz gut.
Maike nervt mich ununterbrochen.	Maike kann manchmal ganz schön nervig sein.

Und nun sind Sie für alle Situationen gewappnet. Machen Sie sich in den nächsten Wochen das Thema immer wieder bewusst und Sie werden schon bald den Unterschied wahrnehmen können. Ich wünsche Ihnen viel Freude bei dieser wunderbaren Entwicklung! Sie werden sehen, dass auch Ihre Mitmenschen diese Veränderung bemerken und positiv bewerten werden.

TIPP

Probieren Sie eine selbstbewusste Körpersprache aus, die die körpereigenen Botenstoffe positiv ankurbelt und Ihnen dadurch einen kraftvollen Ausdruck nach außen verleiht. Stellen Sie sich dazu aufrecht hin, stützen Sie Ihre Hände auf die Hüfte oder bringen Sie beide Arme für einige tiefe Atemzüge nach oben in die Siegerpose, während Sie lächeln. Laut der Harvard-Professorin Amy Cuddy ist das ein perfektes Werkzeug, um sich vor wichtigen Ereignissen positiv „aufzuladen". Allerdings brauchen wir mindestens zwei Minuten in einer solchen Power-Pose, damit sie anschließend wirkt.

ÜBUNG   Positives Mindset für die Arbeit 4.0

Nehmen Sie ein Blatt Papier zur Hand, und schreiben Sie so detailliert und
positiv wie möglich auf, welche Vorteile Sie in der Arbeit 4.0 für sich und
Ihre persönliche Situation sehen. Worauf freuen Sie sich, und wie können
Sie im Vorfeld Ihre Stärken ausbauen, um sie später optimal einzusetzen?

Lesen Sie Ihre Notizen hin und wieder durch, präzisieren Sie bei Bedarf die
Details, und justieren Sie die Formulierungen, bis der Funke überspringt
und Sie bereits beim Lesen Vorfreude auf das neue Arbeiten spüren!

Top Ten der Positives-Mindset-Verstärker:

1. Suchen Sie sich Tätigkeiten, die auf Ihre Stärken zugeschnitten sind.
2. Setzen Sie sich Ziele, die Sie langfristig glücklich machen.
3. Malen Sie sich aus, wie es sich anfühlt, ein Ziel bereits erreicht zu
   haben. Das wird Sie zusätzlich motivieren.
4. Blicken Sie öfter in den Spiegel, um das Schöne und Liebenswerte in
   sich zu entdecken.
5. Sprechen Sie gut über sich selbst. Falsche Bescheidenheit ist fehl am Platz.
6. Nehmen Sie Komplimente dankend an und erfreuen Sie sich an ihnen.
7. Behandeln Sie sich so, wie Sie einen guten Freund oder eine gute
   Freundin behandeln würden.
8. Umgeben Sie sich (in Ihrer Freizeit) mit Menschen, die Ihnen guttun
   und es gut mit Ihnen meinen.
9. Lernen Sie von Menschen, die zufrieden und glücklich sind.
10. Säen Sie Gutes, damit Sie Gutes ernten können.

BEISPIEL   *Christoph ist ein ausgesprochener Pessimist. Das war nicht immer so. Seit*
AUS DEM   *einem schweren Autounfall sieht er sich ständig als Opfer der Umstände,*
COACHINGALLTAG   *nörgelt an allem herum und denkt in Problemen statt in Lösungen. Als er*
das erste Coaching in Anspruch nimmt, ist die Situation inzwischen zu ei-
ner echten Belastung für ihn und seine Kollegen geworden. Unabhängig
von dem Unfall, der erneut thematisiert wird, beginnt Christoph, sich mit
seiner Einstellung und seinen aktuellen Leitsätzen intensiv auseinander-
zusetzen. Er stellt seine Gedanken und Kommentare bewusst auf den Prüf-

stand und formuliert sie bei Bedarf innerlich um. Das kostet zunächst viel Kraft, doch mit der Zeit fällt es ihm immer leichter. Sein Umfeld bemerkt die Veränderung, was Christoph noch mehr anspornt, weiter an einer positiven Lebenseinstellung zu arbeiten. Er nimmt sich jeden Tag vor, mindestens drei Menschen ein Kompliment zu machen und sich am Lob, das er bekommt, zu erfreuen, anstatt es herunterzuspielen.

FAZIT

Gelassen durchs Leben zu gehen, hat viele Vorteile, aber recht wenig mit Gleichgültigkeit zu tun. Denn Gelassenheit zieht Resilienz nach sich und macht uns widerstandsfähiger gegen die schwierigen Aufgaben des Alltags. Gleichzeitig hat Gelassenheit viel mit loslassen und zulassen zu tun. Indem wir uns von Überholtem und Belastendem trennen, schaffen wir Raum für Neues und damit für Wachstum und Fortschritt. Mit einem positiven Blick nach vorn statt einem zaghaften Blick zurück gelingt es uns besser, uns dem Wandel und damit der Vielfalt der Möglichkeiten zu öffnen. Besonders wertvoll auf unserem Weg sind vertrauensvolle Beziehungen, die uns Halt geben. Schauen Sie sich Ihre Partner- und Freundschaften daher eingehender an. Wo können Sie Ihre Partnerschaft oder Familienbande festigen, um sich auch in Zukunft in diesem Rahmen authentisch und verletzlich zeigen zu dürfen? Wenn Sie die Dynamik Ihrer Beziehungen verstanden haben und langfristig in sie investieren, werden Sie sich auf sie verlassen können, auch wenn es mal stürmisch zugeht. Lernen Sie, das Positive in Menschen und Situationen zu betrachten, statt sich über das Negative zu ärgern. Jeder Mensch hat seine Geschichte, es gibt immer einen Grund, weshalb er auf eine bestimmte Weise reagiert.
Verankern Sie positive Emotionen und wählen Sie so oft wie möglich positive Formulierungen. Das wird Ihr Denken und Handeln enorm bereichern und Sie langfristig zu einem glücklicheren Menschen machen. Nutzen Sie die Liste der Positives-Mindset-Verstärker als weiteren Schritt auf dem Weg der Selbstfürsorge!

Wie Sie die Weichen auf Erfolg stellen und warum Intuition die Komplexität des Alltags mindert

Wer keine Ziele hat, kommt nicht an, denn wo auch? Willensstärke hat viel mit Zielsetzung und der eigenen Motivation zu tun, das angestrebte Ziel wirklich erreichen zu wollen, auch trotz Widerständen und Hindernissen. Nur so sind Erfolge möglich, denn selten läuft alles komplett nach Plan ab. Das wäre ja auch langweilig. Humor hilft Ihnen, die Hindernisse zu relativieren, Angst und Anspannung abzubauen und auch über das eine oder andere verfehlte Ziel im Rückblick zu lachen. Trotzdem ist es wichtig – besonders für die Faulpelze unter uns –, die Willenskraft regelmäßig zu trainieren, denn Erfolge stellen sich nicht von selbst ein. Dabei kann uns Intuition als Verbindung zwischen Denken und Fühlen ein hilfreicher Begleiter sein. Sie hilft dabei, die Komplexität des Alltagsgeschehens deutlich herabzusetzen alleine dadurch, dass wir stärker auf unsere Bedürfnisse hören. Wie Sie Ihrer Intuition mehr Beachtung schenken, erfahren Sie in diesem Kapitel.

Willensstärke

Willensstärke ist eine wichtige Voraussetzung, um Ziele zu verfolgen und diese auch zu erreichen. Wollen Sie also gut für sich sorgen, brauchen Sie auch genügend Willenskraft, um Ihr Vorhaben in die Tat umzusetzen und an Ihrem Plan festzuhalten, auch wenn es mal nicht so klappt wie gewünscht. Dass ein Wunsch nach Veränderung da ist, haben Sie im Grunde schon damit bewiesen, dass Sie dieses Buch erworben haben. Falls es ein Geschenk war, meint es jemand wohl gut mit Ihnen und ist augenscheinlich der

Meinung, dass Sie aktuell nicht ausreichend für sich sorgen, es aber durchaus nötig wäre. Beide Motive sind Grund genug, sich mit der Selbstfürsorge näher zu beschäftigen. Um sich einen besseren Zugang zum Problem oder Ihrem Vorhaben zu erarbeiten, leite ich Sie daher immer wieder an, bestimmte Situationen zu reflektieren und Ideen durchzuspielen. Erfahrungsgemäß ist der Leidensdruck ein Garant dafür, dass Menschen ins Tun kommen und Dinge verändern. Wer gute Aussichten auf eine positive Veränderung einer als belastend empfundenen Situation hat, ist auch bereit, das Neue anzunehmen. Es stellt sich jedoch die Frage, ob es immer sinnvoll ist, so lange zu warten, bis die Grenze des Erträglichen erreicht ist. Dann muss wesentlich mehr für das Ziel gearbeitet werden, als wenn wir bei kleinen bis mittleren Abweichungen vom Wunschziel beginnen. Große Sprünge erfordern mehr Krafteinsatz als kleine Schritte, die präventiv gegangen werden. Doch bevor wir uns dem Training der Willenskraft zuwenden, vorab ein kurzer Blick auf Ihre Ziele.

Leidensdruck ist meist ein Garant für die Bereitschaft zur Veränderung.

Ziele lassen sich in kurzfristige (zeitlich zum Greifen nah, innerhalb von Wochen bis wenigen Monaten), mittelfristige (bis zu einem Jahr) und langfristige Ziele (ein Jahre und mehr) einteilen. Um umsetzbar und realistisch zu sein, sollten sie so präzise und messbar wie möglich definiert werden und zu einem bestimmten Zeitpunkt abgeschlossen sein. Sie sollten für uns tatsächlich attraktiv sein. Wobei ein bisschen nach den Sternen zu greifen, auch durchaus erlaubt ist. Wenn Sie also mit dem Rauchen aufhören wollen, sollten Sie sich die zahlreichen Vorteile vor Augen halten, die damit für Ihre Gesundheit, aber auch für Ihre Persönlichkeit (Beweis an Willensstärke) und Ihre Umgebung (Bewunderung) einhergehen. So mobilisieren Sie auch ihre Willenskraft und steigern Ihre Motivation. Ebenso wichtig ist es, Prioritäten zu setzen, um sich bei mehreren Zielen nicht zu verzetteln. Oft ist es günstig, insbesondere bei längerfristigen Zielen, ei-

Ziele können verschiedene Zeiträume abdecken

nen Zeitpunkt auszuwählen, der für einen (mentalen) Neuanfang geeignet ist, wie z. B. nach dem Urlaub, einer überwundenen Krisenzeit, klassisch zum Jahresanfang oder wenn Sie einen neuen Job starten oder eine neue Beziehung eingehen.

Ohne Ziele kein Fortkommen

Was sind Ihre persönlichen Ziele? Listen Sie maximal drei Ziele pro Kategorie auf. Sollten Sie feststellen, dass Sie sich aktuell keine Ziele gesteckt haben – setzen Sie sich neue. Worauf Sie dabei Ihren Fokus legen, hängt in erster Linie von Ihrer persönlichen Situation ab: Stehen Sie jetzt mitten im Beruf, werden Sie sich vermutlich anders entscheiden, als wenn die Pensionierung unmittelbar bevorsteht oder Sie sich in Elternzeit befinden. Alles im Leben hat seine Zeit, nur die Selbstfürsorge und der Blick auf die eigene Gesundheit sollten zu keinem Zeitpunkt zu kurz kommen.

Meine kurzfristigen Ziele:

1. _____

2. _____

3. _____

Meine mittelfristigen Ziele:

1. _____

2. _____

3. _____

Meine langfristigen Ziele:

1. _____

2. _____

3. _____

. . . .

Oft bauen Ziele, ganz gleich, ob beruflicher oder privater Natur, aufeinander auf. Dadurch entsteht ein roter Faden, an dem man sich zu einem großen Ziel leichter entlanghangeln kann. Das steigert die Motivation und stärkt die Willenskraft.

Den inneren Schweinehund überwinden

Wie aber lässt sich Ihre Willenskraft noch steigern? Sie lässt sich wie ein Muskel trainieren, ein sinnvoller Anreiz mit einer guten Aussicht auf Erfolg fördert sicher Ihr Durchhaltevermögen. Ziele der Selbstfürsorge sind immer sinnvoll, da sie als Erfolg Ihre persönliche Gesundheit im Visier haben. Aber wie sieht es mit Dingen aus, bei denen wir unseren inneren Schweinehund nicht überwinden können und die wir vor uns herschieben? Dabei kann Ihnen die folgende Übung helfen:

. . . .

Schreiben Sie mindestens drei Sätze mit einem „Ich muss …" beginnend auf, die mit Dingen zu tun haben, die Ihnen wenig Freude machen, aber leider zur Alltagsroutine gehören. Beispiel: „Ich muss täglich um sechs Uhr morgens aufstehen, um rechtzeitig in der Firma zu sein." Im zweiten Schritt formulieren Sie Ihren Satz mit „Ich entscheide mich für …" und ergänzen ihn mit einer Begründung: „Ich entscheide mich dafür, täglich um sechs Uhr aufzustehen, um morgens pünktlich in der Firma zu sein."

ÜBUNG

Jetzt sind Sie an der Reihe:
Ich muss …

1. _____

2. _____

3. _____

Umformulierung mit Begründung:

Ich entscheide mich ...

1. _____

_____

2. _____

_____

3. _____

_____

_____

Lesen Sie sich Ihre Sätze langsam und laut vor und nehmen Sie dabei Ihre Gefühle bewusst wahr. Welche Formulierung erzeugt mehr Widerstand und welche mehr Akzeptanz, Verantwortungsbewusstsein oder sogar Wohlgefühl?

Willenskraft lässt sich trainieren

Es gibt viele Aufgaben, die uns keinen Spaß machen, jedoch dennoch erledigt werden müssen. Entscheidend sind die Herangehensweise und Ihre Motivation. Eine intrinsische Motivation, die von innen heraus erwächst, ist meist stärker als eine, die auf einem extrinsischen Belohnungssystem aufbaut und somit von außen beeinflusst wird. Beides kann unsere Willenskraft stärken und so zu mehr Erfolg verhelfen.

Was Sie sonst noch tun können, um Ihrer Willenskraft auf die Sprünge zu helfen:

1. Halten Sie sich an (zeitliche) Vereinbarungen, selbst wenn Sie diese „nur" mit sich selbst getroffen haben.

2. Gehen Sie große Ziele in kleinen Teilschritten an und belohnen Sie sich für Ihr zielstrebiges Verhalten und den Erfolg.
3. Ritualisieren Sie eine Tätigkeit, die Ihnen guttut (z. B. 30 Minuten Yoga am Morgen), Sie jedoch zunächst Überwindung kostet. Sobald diese Dinge zur Gewohnheit werden, haben Sie den Kampf endgültig gewonnen. Es könnte sogar passieren, dass sie Ihnen dann im Urlaub plötzlich fehlen.

BEISPIEL AUS DEM COACHINGALLTAG

André hat große Ziele, nur an der Verwirklichung hapert es ein bisschen. Dadurch ist er unzufrieden und längst nicht so erfolgreich, wie er sich das am Anfang seiner Selbstständigkeit als Softwareentwickler vorgestellt hat. Besonders neidisch schaut er dabei auf seinen besten Freund, der ebenfalls in der IT-Branche tätig ist, allerdings wesentlich konsequenter und beharrlicher an seinen Zielen arbeitet. Immer wieder wird ihre Freundschaft dadurch auf die Probe gestellt. Nach einem schlechten Geschäftsjahr beschließt André, endlich Gas zu geben und mehr in Akquise statt in Freizeit zu investieren. Er hat verstanden, dass sein innerer Schweinehund auch ein guter Ansporn sein kann, um über sich selbst hinauszuwachsen. Für das folgende Geschäftsjahr setzt sich André ehrgeizige Ziele in vielen konkreten Teilschritten, die zur vereinbarten Zeit von seinem besten Freund abgefragt und einem Abgleich unterzogen werden. Als leidenschaftlicher Ballonfahrer hat er zugleich ein Belohnungssystem entwickelt, um sich selbst zu motivieren: Jeden erreichten beruflichen Teilerfolg verbindet er mit einem Ausbildungsabschnitt zum Ballonfahrer. Das macht ihm nicht nur Freude, sondern durch mehr Aufträge hat André auch das finanzielle Polster, das für sein Hobby notwendig ist.

Menschen, die Macht kategorisch ablehnen, weil sie sie vielleicht selbst einmal als negativ erfahren haben, leiden oft unter der Macht anderer, weil sie nicht in der Lage sind, ihnen auf Augenhöhe zu begegnen und sich erfolgreich gegen Übergriffe zur Wehr zu setzen. Natürlich ist dieser Schritt mit etwas Mut verbunden, gleichzeitig auch mit einem starken Willen. Auch hier gilt: Ist der Leidensdruck groß, verstärkt sich der Wille, die Macht des anderen von sich abzuschütteln, wie politische Konflikte beweisen. Im Besitz der Macht zu sein, heißt aber nicht zwangsläufig, diese auch zu missbrauchen. Jeder Mensch verfügt über ein Machtpotenzial, aber viele setzen es ungeschickt oder gar nicht ein. Kommt dies wiederholt vor, erlebt er sich als handlungsunfähig, der Wille ist geschwächt, für die eigenen Ziele zu kämpfen.

Nutzen Sie Ihre Macht, um die Ziele zu erreichen, die Ihnen wichtig sind, statt um andere kleinzumachen. Sich nicht die eigene Macht zunutze zu machen, um sich so von unliebsamen Aufgaben zu befreien oder die eigene Position zu stärken, führt dauerhaft zur Ohnmacht.

ÜBUNG

Was verbinden Sie mit dem Begriff „Macht" und wo sehen Sie sich im Alltag damit konfrontiert?

_____

_____

Wie sieht Ihre Verteidigungsstrategie aus, wenn Sie angegriffen werden: Gehen Sie offensiv in die Verhandlung oder steuern Sie stillschweigend den Rückzug an?

_____

_____

Wie setzen Sie im Alltag Ihr Machtpotenzial zur Zielerreichung ein und wie könnten Sie es in Zukunft weiter ausbauen?

_____

_____

_____

. . . .

Macht kann auch einen anderen Charakter haben: Das Wissen um eigene Stärken und Schwächen verleiht nicht nur Flügel, sondern auch mehr Einfluss gegenüber den Forderungen der Außenwelt. Sie wissen, wie weit Sie gehen möchten und was Sie sich zutrauen. Kennen Sie Ihr Machtpotenzial und den eigenen Standort, können Sie Ihre Willenskraft zugunsten Ihrer Ziele nutzen. Sind Sie sich über Ihre Ziele im Klaren, können Sie sich besser einschätzen, ohne sich am Ziel vorbei zu über- oder zu unterfordern. Es ist also nicht verkehrt, das Thema Macht auf dieser Ebene gezielt auszubauen.

Ob in Zukunft der Arbeitsmarkt allen einen Job bieten kann, ist fraglich. Motivation und die Bereitschaft, auch mal eine Durststrecke zu verkraften, entscheiden vielfach über den Erfolg – insbesondere in der Selbstständigkeit. Das Wissen, dass es immer Menschen geben wird, die bereit sind, mehr zu riskieren, weil sie vielleicht aufgrund ihrer Erfahrung und ihres Hintergrunds mehr Willensstärke mitbringen, sollte uns nicht entmutigen. Ganz im Gegenteil, betrachten Sie es als Anreiz, mit Ihrem inneren Schweinehund, dem vermeintlichen Erfolgsverhinderer, in den Dialog zu treten, während Sie motiviert an Ihren Zielen weiterarbeiten und Ihr Machtpotenzial nutzen. Streichen Sie den Konjunktiv „Eigentlich müsste ich ..." aus Ihrem Wortschatz. Entscheiden Sie sich bei einem Projekt entweder klar dafür oder aber dagegen, mit allen Konsequenzen, die dazugehören.

> Das eigene Machtpotenzial und den eigenen Standort zu kennen, bringt Ihre Willenskraft in Einklang mit Ihren Zielen

Humor als Ressource

Wie gut uns das Lachen tut, das haben wir sicher alle schon oft erfahren, und zwar unabhängig davon, ob wir laut und aus vollem Herzen lachen oder grundlos oder authentisch lächeln. Ganz nebenbei hat das Lachen, wie die Gelotologie (die Wissenschaft vom Lachen) beweist, zahlreiche positive Effekte auf unterschiedlichen Ebenen:

- **Physisch** → Lachen entspannt die Muskulatur, stärkt das Immunsystem, reguliert den Blutdruck, fördert die Sauerstoffaufnahme durch intensivere Atmung, dämpft die Schmerzwahrnehmung und regt die Verdauung an.
- **Emotional** → Lachen fördert einen spontanen Ausdruck von Gefühlen, löst Hemmungen, reaktiviert verdrängte Emotionen, hilft bei der Stressbewältigung und fördert Lebensfreude.
- **Kognitiv** → Lachen initiiert einen Perspektivenwechsel, regt Kreativität an, aktiviert Entscheidungsprozesse.
- **Sozial** → Lachen fördert das Kohärenzgefühl in einer Gruppe und hilft, Streitigkeiten zu lösen und zu vermeiden.
- **Kommunikativ** → Lachen senkt Widerstände und festigt Beziehungen, fördert ein Klima der Gleichberechtigung, erleichtert es, sensible Themen anzusprechen.

Humor kann gezielt eingesetzt werden

Lachen zahlt sich demnach aus! Bauen Sie also Humor zu einer Ressource aus, die gerade in belastenden Situationen gut verfügbar ist, Sie entlastet und nach einer kleinen Auszeit – während Sie nach Luft japsen, sich den Bauch halten und die letzte Lachträne aus dem Augenwinkel wischen – wieder auf die Spur bringt. Unmöglich, meinen Sie? Setzen Sie Heiterkeit demnächst gezielt ein, um sich in eine bessere Stimmung zu katapultieren, und Sie werden feststellen, dass Ihnen viele Dinge leichter von der Hand gehen werden.

„Jeder Tag, an dem du nicht lächelst, ist ein verlorener Tag."

CHARLIE CHAPLIN

Humoristische Gedankenreise

PRAKTISCHE
ÜBUNG

Lehnen Sie sich entspannt zurück und schließen Sie Ihre Augen. Sie können beide Hände am Hinterkopf verschränken und die Beine ausstrecken. Oder setzen Sie sich aufrecht hin und legen Sie Ihre Arme auf der Lehne ab, Ihre Fußsohlen berühren den Boden. Ganz egal, welche Haltung Sie wählen, ziehen Sie bewusst beide Mundwinkel nach oben und fangen Sie an, zu lächeln. Das wird Ihnen dabei helfen, sich an eine Situation zu erinnern, in der Sie gelacht haben und durch und durch zufrieden waren. Versuchen Sie sich diese Situation so lebendig wie möglich vor Ihrem inneren Auge vorzustellen: Wer war dabei, was ist genau passiert? Wie ist es zu der guten Laune gekommen? Tauchen Sie für einige Minuten mit allen Sinnen in dieses Bild ein, und versuchen Sie, die Freude, die Sie damals gespürt haben, wiederzubeleben. Wenn Sie mögen, speichern Sie das Gefühl mit der Technik aus dem Kapitel „Positives Mindset" ab und verweilen noch einen Augenblick beim intensiven Lächeln. Abschließend atmen Sie tief ein, atmen Sie gerne mit einem Seufzer aus und öffnen Sie wieder Ihre Augen. Nehmen Sie das wohlige Gefühl, das Sie soeben empfunden haben, mit in den Tag, den Morgen oder den Abend hinein, je nachdem, zu welcher Zeit Sie die Übung praktizieren.

Eine kleine augenzwinkernde Bemerkung, eine überraschende, witzige Assoziation im Gesprächsverlauf können einer Begegnung eine positive Wendung geben oder einen Konflikt humorvoll entschärfen helfen. Oft können sie dazu beitragen, die Beziehung der Gesprächspartner zu vertiefen. Noch besser ist eine humorvolle innere Grundhaltung. Sie dient der eigenen Psychohygiene und erlaubt es uns, wesentlich gelassener mit uns selbst und anderen umzugehen, uns von Schwierigkeiten im Alltag zu distanzieren und Probleme zu relativieren. Auch unser innerer Kritiker kommt zur Ruhe, wenn wir ihm mit etwas mehr Humor begegnen.

Konflikte
humorvoll
entschärfen

Das Leben ist mit einer humorvollen Einstellung einfach entspannter.

Humorvolle Provokation

Eine Möglichkeit, in einem Gespräch ermutigend und beruhigend zu argumentieren, ist eine humorvolle Verzerrung einer Begebenheit oder eines Zustands. Diese Technik entstammt der Provokativen Psychotherapie nach Frank Farrelly. Dabei überzeichnet man z. B. die Situation oder schmückt den Nutzen des Problems aus, um den Widerspruchsgeist des Gegenübers zu wecken. Hat der Betroffene die Sachlage erkannt und kann schließlich darüber lachen, löst sich das selbstschädigende Verhalten meist von selbst und neue Denk- und Verhaltensweisen bekommen eine Chance. Die Person fühlt sich nicht mehr als Opfer der Umstände, sondern übernimmt stattdessen mehr Selbstverantwortung. Übrigens ist dies auch ein guter Ansatz beim inneren Monolog, vor allem wenn wir selbst spüren, dass wir aus einer Mücke einen Elefanten machen.

BEISPIEL
AUS DEM
COACHINGALLTAG

Magdalena kommt zum Coaching, weil sie gerne mehr Sport treiben, sich gesund ernähren und etwas abnehmen möchte. Sie hat vor einem halben Jahr eine verantwortungsvolle Position in einem führenden Unternehmen der Telekommunikationsbranche übernommen und seitdem fast fünf Kilo zugenommen. Im Gespräch wird schnell deutlich, dass der Wunsch nach mehr Fitness besteht, Magdalena jedoch felsenfest davon überzeugt ist, dass ihr Arbeitspensum ihr Vorhaben unmöglich macht.

Ich gebe ihr absolut recht. Schließlich sind Führungskräfte dazu da, andere zu führen. Da bleibt de facto keine Zeit, um sich um das eigene Wohlergehen zu kümmern, versichere ich ihr. Anschließend rechne ich ihr Körpergewicht auf fünf weitere Jahre hoch und fordere Magdalena auf, sich das vor ihrem inneren Auge vorzustellen. Sie scheint zunächst etwas verunsichert, schaut mich verwundert an und lacht plötzlich laut auf. Der Knoten ist geplatzt und wir lachen gemeinsam. Im weiteren Gesprächs-

verlauf gehen wir ihren Tagesplan und ihre Essgewohnheiten durch und
nähern uns so einer möglichen Lösung.

Das Persiflieren eignet sich für Menschen, die gerne humoristisch und wertschätzend kommunizieren. Hier geht es nicht darum, den anderen bloßzustellen oder Inhalte lächerlich zu machen, sondern die Perspektive zu wechseln, ohne das Ganze aus den Augen zu verlieren. Manchmal stecken wir in unserer eignen Sichtweise fest und sind vollkommen davon überzeugt, damit richtigzuliegen. Erst durch ein entspanntes Beleuchten des Problems aus einer neuen Perspektive wird uns plötzlich klar, dass die Lösung viel einfacher ist als zunächst angenommen. Humor kann auf diesem Weg sehr hilfreich sein. Haben Sie Freude am Lachen und einer humorvollen Kommunikation gefunden, wird dies Ihr Leben bereichern.

Von folgenden Verhaltensweisen bei „humorvoller" Kommunikation ist abzuraten:

- Werten Sie andere nicht mit Ihrem Humor ab. Das schafft Distanz.
- Machen Sie keine Anspielungen auf die Schwächen des Gegenübers oder auf persönliche Merkmale. Das kann verletzen.
- Lachen Sie nicht über andere, wenn sie nicht im Raum sind.

Lachen hält fit, denn dabei werden über 100 Muskeln aktiviert. Erwachsene lachen im Durchschnitt 15-mal am Tag, Kinder in der Regel wesentlich öfter. Spiegelneurone in unserem Gehirn sind dafür verantwortlich, dass Lachen ansteckend ist. Daher: Lächle und die Welt lächelt zurück!

WISSENSWERTES

Lachyoga

Fake it, until
you make it

Eine andere Möglichkeit, Humor in Ihr Leben zu bringen, ist, regelmäßig Lachyoga zu praktizieren. Denn Lachen ist der beste Stresskiller und ein wirkungsvolles Antidepressivum. Beim Lachyoga soll ein zunächst simuliertes Lachen in ein echtes übergehen. Dabei bedient man sich pantomimischer Übungen und spielerischer Elemente, die zum Lachen anregen sollen, das Motto lautet: „Fake it, until you make it." Der Begründer des Lachyoga ist der indische Mediziner Dr. Madan Kataria. Er war es auch, der mich 2017 in Frankfurt offiziell zur Lachbotschafterin (Laughter Ambassador) auszeichnete. Die Botschaft ist klar: mehr Freude, Gesundheit und Frieden durch Lachen in die Welt zu bringen. Daher möchte ich Sie ermutigen, spaßeshalber an einer Lachyoga-Session teilzunehmen. Diese gibt es weltweit in beinahe jeder größeren Stadt und sie erfreuen sich zunehmend großer Beliebtheit. Dort treffen sich Menschen unterschiedlichen Alters und Geschlechts, unterschiedlicher Überzeugung und kulturellen Hintergrunds, um gemeinsam zu lachen. Manche von ihnen haben keinen Grund zur Fröhlichkeit, sie sind chronisch krank oder einsam, dennoch kennen und schätzen sie den gesundheitlichen Nutzen des Kohärenzgefühls, das beim gemeinsamen Lachen in der Gruppe entsteht. Die meisten Veranstaltungen der Lachyogaklubs sind übrigens kostenlos und daher wirklich für jeden zugänglich. Es ist eine großartige Erfahrung, suchen Sie über das Internet nach einem Lachyogaklub in Ihrer Stadt oder Umgebung. Vermutlich werden Sie in Zukunft Ihre Wohnung gar nicht erst verlassen müssen, sondern sich via Internet mit anderen Teilnehmern zu einer Lachkonferenz verabreden. Unserem Körper und Geist ist es übrigens gleichgültig, ob wir in Wirklichkeit einen guten Grund zum Lachen haben oder ob wir es zunächst nur simulieren. Denn in beiden Fällen wird dabei der sogenannte Lachkern (Nucleus accumbens) im Gehirn stimuliert, und er sorgt dafür, dass Dopamin ausgeschüttet wird und das Wohlbefinden steigt.

Es gibt unzählige gute Gründe, täglich zu lachen. Finden Sie Ihren heraus!

TIPP

Stellen Sie sich Ihre persönliche Trickkiste für die tägliche Lachdosis zusammen:

1. Bauen Sie kurze Lacheinheiten in Ihre tägliche Routine ein, Sie können sie mit einem Smiley in der Agenda kennzeichnen.
2. Legen Sie eine „Best-off"-Witzesammlung an. Es gibt sicher viele Situationen, wo Sie diese zum Besten geben können.
3. Schauen Sie sich Komödien an oder lesen Sie einen Comic als Kontrastprogramm zu den Tagesnachrichten.
4. Auch im Internet finden Sie Portale, die lustige Missgeschicke im Alltag dokumentieren und so Ihre Lachmuskeln fordern. Klicken Sie sich durch.
5. Lassen Sie eine Karikatur von sich erstellen und hängen Sie diese im Büro oder in Ihrem Homeoffice auf. Das macht gute Laune.
6. Begrüßen Sie Ihr Spiegelbild morgens im Bad mit einem breiten Grinsen.
7. Starten Sie ein Meeting oder eine Teambesprechung mit einem Ritual, einer Lachyogaübung oder einem kernigen Witz. Das stärkt den Teamgeist, fördert die Aufmerksamkeit und macht gute Laune.
8. Lachen Sie beherzt in Ihr Smartphone, wenn es sonst nichts zu lachen gibt. Ihre Kollegen werden Sie um Ihren Gesprächspartner beneiden und später neugierige Fragen stellen. Spätestens dann haben Sie wirklich etwas zum Lachen.
9. Lächeln Sie im Vorbeigehen fremde Menschen an. Die, die besonders grimmig schauen, eignen sich dazu am besten. Es macht Freude, zu beobachten, wie sich ihre Gesichtszüge ändern. Ganz nebenbei erhalten Sie meist ein freundliches Lächeln zurück.
10. Entwickeln Sie Ihre eigenen Humorstrategien. Darauf können Sie in Krisenzeiten zurückgreifen.

Weltweit sorgen Krankenhausclowns dafür, dass kranke und leidende Menschen in Kinderzentren, Senioren-, Pflege- und Flüchtlingsheimen wieder lachen und dass auf diese Weise für sie etwas Normalität wiederhergestellt wird. Sie helfen kleinen und großen Patienten, zu genesen oder zumindest ihr Leid für einige Augenblicke zu vergessen, denn beim Lachen macht der Verstand Pause.

Heitere Teamkultur

Der Züricher Psychologieprofessor Willibald Ruch, Mitbegründer der „Humour Summer School", ist der Überzeugung, dass Menschen, die miteinander lachen können, auch besser kooperieren. Humor kann ein positives Arbeitsklima erzeugen und die Widerstandskraft trotz Belastungen erhöhen. Vielleicht wird in absehbarer Zeit mehr Humor Einzug in die Unternehmen halten, denn die Vermutung, dass gut gelaunte Mitarbeiter loyaler sind und mehr Einsatz in ihrem Job zeigen, besteht schon lange. Die offenen Fragen in Bezug auf die Zukunft der Arbeit erzeugen Stress und Druck im Arbeitsalltag. Heiterkeit dagegen wirkt befreiend und begünstigt eine Metaperspektive, aus der heraus sich mit mehr Abstand und innerer Ruhe agieren lässt. So lässt sich Stress reduzieren und manches Problem besser lösen. Humor schafft also Umsatz, und eine heitere Teamkultur fördert zudem die Kooperation und die Gesundheit aller Beteiligten. In den USA vertrauen Firmen auf die befreiende Kraft des Lachens und engagieren Humorberater. Gerade Führungskräfte können eine Prise Humor gut gebrauchen, weil er ihre teilweise komplexen Entscheidungen erleichtern kann. Was noch dabei hilft, die Komplexität des Alltags herabzusetzen, erfahren Sie im nächsten Kapitel.

Intuition

Um in unserer Mitte anzukommen und zentriert zu bleiben, brauchen wir ein gutes Bauchgefühl. Durch übermäßige Anpassung haben viele von uns verlernt, auf ihr Bauchgefühl zu hören. Sie haben die Verbindung zu ihrer eigenen Kraft verloren und orientieren sich zu sehr im Außen. Dabei stellt das Bauchgefühl nicht nur eine wertvolle Kraftquelle dar, sondern bildet in Kooperation mit unserem Verstand die Intuition. Denn Intuition bindet, entgegen der vorherrschenden Meinung, neben dem Bauch auch den Kopf ein, sie ist eine Allianz aus beiden. Sie wissen sicher selbst, wie schwierig es ist, den Kopf bei einer Aufgabe auszuschalten. Wie können wir dann behaupten, nur aus dem Bauch heraus zu fühlen, was richtig oder falsch ist, ohne dabei in Verbindung mit unserem Verstand zu stehen? Wesentlich einfacher dagegen ist es, das Bauchgefühl zu überhören und eine Entscheidung rein verstandesmäßig zu treffen.

Eine intuitiv stimmige Entscheidung entsteht, wenn Bauch und Kopf beteiligt sind.

Selbsttest

CHECKLISTE

Um Ihnen einen ersten Überblick darüber zu geben, ob und wie sehr Sie Ihrer Intuition vertrauen, lade ich Sie zu einem kurzen Selbsttest ein. Wie ausgeprägt Ihre Intuition ist, verraten Ihnen folgende 15 Fragen, die Sie bitte spontan mit einem Ja (= 1 Punkt), Nein (= 3 Punkte) oder einem Vielleicht/Manchmal (= 2 Punkte) beantworten:

	Ja	Nein	Viel- leicht
1. Sie können Ihre Bedürfnisse klar von den Bedürfnissen anderer unterscheiden.	☐	☐	☐
2. Sie leben ein Leben nach Ihren eignen Vorstellungen.	☐	☐	☐
3. Ihr Bauchgefühl ist Ihnen vertraut.	☐	☐	☐
4. In Kontakt mit sich selbst zu sein, fällt Ihnen nicht schwer.	☐	☐	☐
5. Sie sind in der Lage, in den Aussagen anderer die Botschaft zwischen den Zeilen zu lesen.	☐	☐	☐
6. Sie erkennen leicht, wenn Sie jemand anlügt.	☐	☐	☐

7. Sie spüren, ob ein Mensch Sie mag oder ablehnt. ☐ ☐ ☐
8. Sie können schnell erkennen, in welcher Beziehung Menschen zueinander stehen. ☐ ☐ ☐
9. Sie sorgen gut für sich. ☐ ☐ ☐
10. Sie können Stimmungswechsel innerhalb einer Gruppe früh erkennen. ☐ ☐ ☐
11. Sie werden häufig von anderen um Rat gefragt. ☐ ☐ ☐
12. Sie kennen das Gefühl, regelmäßig zum richtigen Zeitpunkt am richtigen Ort zu sein. ☐ ☐ ☐
13. Sie wissen um Ihre Stärken und Schwächen. ☐ ☐ ☐
14. Freunde oder Kollegen beneiden Sie um Ihre positive Ausstrahlung. ☐ ☐ ☐
15. Gelassenheit ist für Sie kein Fremdwort. ☐ ☐ ☐

Addieren Sie Ihre Punkte. _____

15 – 20 Punkte: Gratuliere, Sie sind eine Intuitionsgranate! Viele der Inhalte zu diesem Thema werden Ihnen vermutlich bekannt vorkommen.

21 – 30 Punkte: Gar nicht schlecht, die Intuition ist Ihnen nicht fremd, jedoch bewegen Sie sich noch etwas unsicher auf diesem Terrain. Nutzen Sie die folgenden Seiten, um vorhandenes Wissen zu stärken und Neues in Erfahrung zu bringen.

31 – 45 Punkte: Aufgepasst, Intuition gehört noch nicht zu Ihren Stärken! Um sich Ihrer intuitiven Fähigkeiten bewusst zu werden, machen Sie das „Abhören" Ihres Bauchgefühls in den kommenden Wochen zum Ritual, ganz so, als ob Sie Ihre E-Mails abholen oder den Anrufbeantworter abhören. Dieses Vorgehen wird Ihnen dabei helfen, eine Verbindung zwischen Bauch und Kopf herzustellen und aufgrund dessen eine intuitive Entscheidung zu treffen.

Bedeutung des Darms

Es mag Sie vielleicht etwas überraschen, aber auch der Darm, ein leider sehr unterschätztes Organ, hat einen großen Einfluss auf die Intuition, insbesondere auf unser Bauchgefühl. Falls Sie sich fragen, in welcher Weise er mit dem Gehirn verbunden ist und wie die beiden miteinander kommunizieren, hier kommt die Auflösung: Zum einen geschieht dies durch Nervenstränge, die in beide Richtungen Informationen austauschen, und zum anderen durch Hormone und andere Botenstoffe im Blut. Dank modernster Untersuchungsmethoden wissen wir sehr viel mehr als noch vor wenigen Jahren über die Vielfalt der Darmbakterien und ihre Relevanz in Bezug auf unsere Gesundheit. Darüber hinaus spiegelt unser Magen-Darm-Trakt Emotionen durch verstärkte oder verminderte Aktivität wider. Wenn wir z. B. traurig sind, nehmen die Kontraktionen des Magens und des Darms ab, während sie bei Wut zunehmen. Sind wir deprimiert, bewegt sich unser Darm fast gar nicht, was dementsprechend zu einer schlechten Verdauung und unter Umständen zu Bauchschmerzen führt. Bei Stress dagegen führt die Ausschüttung von Stresshormonen zu einer verstärkten Aktivität des Darms. Oft ist Durchfall die Folge, bei Dauerstress kann es sogar zum Reizdarmsyndrom kommen. Gastroenterologen vermuten, dass in manchen Ländern wie China oder Japan, wo beruflicher Druck und Stress weit verbreitet sind, bis zu 25 Prozent der Bevölkerung an chronischen Verdauungsproblemen leiden, Tendenz steigend. Diese Wechselwirkungen und die Tatsache, dass der Darm ein eigenes Nervensystem besitzt, das in der Fachsprache als „enterisches Nervensystem" bezeichnet wird, veranlasst die Wissenschaftler, von einem Bauchhirn zu sprechen. Darüber hinaus beeinflussen die Vorgänge im Darm nicht nur unsere Entscheidungen im Hinblick auf Essen und Trinken, sondern bestimmen auch die Auswahl der Menschen, mit denen wir uns gern umgeben, und Entscheidungen, die wir treffen. Wenn wir gesund bleiben wollen, ist es unumgänglich, die Botschaften unseres Bauchhirns ernst zu nehmen.

Die Macht der Emotionen und die Verbindung zum Darm

Bleiben wir noch einen Augenblick bei Stress und Verdauung, da dies in unserer Hochleistungsgesellschaft ein brisantes Thema ist und auch in Zukunft bleiben wird. Wenn wir über Stress sprechen, dann meinen wir meist größere Belastungen des täglichen Lebens oder persönliche Traumata. Das Gehirn betrachtet jedoch auch viele körperliche Vorgänge wie z. B. Infektionen oder Schlafmangel als belastend. Zudem reagiert jeder Mensch unterschiedlich auf Stress, was sowohl mit den genetischen Anlagen als auch den Ereignissen in der eigenen Kindheit verbunden ist. Unsere emotionalen „Betriebsprogramme" unterscheiden sich stark voneinander. Während die einen starke Reaktionen des Darms auf Stress erleben, spüren die anderen keinerlei Veränderungen. Außerdem leiden Menschen, die Gefühle unterdrücken, häufiger an Beschwerden im Magen-Darm-Bereich als diejenigen, die ihren Emotionen Ausdruck verleihen. Symbolisch stehen Magenbeschwerden wie z. B. Sodbrennen, saures Aufstoßen oder Magenkrämpfe für „Ärger in sich hineinfressen, hinunterschlucken, sauer sein", so Mediziner Ruediger Dahlke. Darmbeschwerden wie z. B. Reizdarm oder Morbus Crohn dagegen stehen für unverdaute oder missachtete Gefühle. Sorgen Sie also für einen gesunden Magen-Darm-Trakt nicht nur dadurch, dass Sie sich entsprechend ernähren und ausreichend bewegen, sondern auch, indem Sie Ihre Wut und Ihren Ärger nicht aufstauen und Ihren Emotionen angemessen Beachtung schenken.

WISSENSWERTES

An dieser Stelle etwas zum Schmunzeln, allerdings nicht weniger wichtig: Wissen Sie, was die beste Haltung auf der Toilette ist, um ein großes Geschäft ohne viel Mühe zu verrichten? Es ist die Hocke, die den Darmkanal vollständig öffnet, sodass dieser entspannt entleert werden kann. Wenn es also mal stockt, dann neigen Sie den Oberkörper aus dem Sitz heraus etwas nach vorne und beugen Sie die Beine etwas an oder stellen Sie diese auf einen kleinen Hocker. Et voilà!

Sören war schon immer sehr verantwortungsvoll, ehrgeizig und mitfühlend.
Nach dem Ausstieg seines Vaters aus der Firma übernahm er dessen Hand-
werksbetrieb. Nach fünf erfolgreichen Jahren mit bester Auftragslage folgt
eine mehrjährige Durststrecke, verbunden mit starkem Konkurrenzdruck
durch große Unternehmen, die günstigere Konditionen anbieten können.
Sören sieht sich gezwungen, einige gute Mitarbeiter zu entlassen, was ihm
sehr schwerfällt und ihn belastet. Er kämpft weiter um das Bestehen der
Firma, zieht sich jedoch emotional zurück und wird selbst für seine Fa-
milie schwer zugänglich. Der Betrieb erholt sich wieder, doch Sören bleibt
verschlossen und schluckt jeden Ärger hinunter, ohne darüber mit ande-
ren zu reden oder einen Ausgleich für sein hohes Arbeitspensum zu schaf-
fen. Zunehmend machen ihm Magen-Darm-Beschwerden Probleme, die er
anfangs ganz gut mit rezeptfreien Medikamenten in den Griff kriegt. Auf
den Rat seiner Frau, einen Arzt aufzusuchen, hört er zunächst nicht. Zwei
Jahre später wird bei Sören eine chronisch-entzündliche Darmerkran-
kung diagnostiziert. Sie wird zum Wendepunkt in seinem Leben. Dank der
Krankheit lernt er im Laufe der folgenden Monate, seine Gefühle deutlicher
zum Ausdruck zu bringen, sich seiner Frau gegenüber verletzlich zu zeigen
und mehr Selbstempathie zu entwickeln.

Während unser Verstand begrenzt ist, weil ihm nur ein bestimmter Spielraum zur Verfügung steht, ist unser Bauchgefühl mit unserem Unterbewusstsein in Kontakt und kann so aus einer Fülle
von Erfahrungen schöpfen. Somit ist das Bauchhirn wesentlich
flexibler und damit in der Lage, selbst für komplexe Probleme eine Lösung zu finden. Wenn sich dann das Bauchhirn mit dem
Kopfhirn verbindet, entsteht eine intuitiv stimmige Entscheidung. Prallen beide mit widersprüchlichen Botschaften aufeinander, sind wir meist hin- und hergerissen und können uns weder für das eine noch für das andere entscheiden. In so einem
Fall vertagt man die Entscheidung am besten und geht mit beiden Partnern (Bauch- und Kopfhirn) in intensiven Austausch, um
zu einem Entschluss zu kommen. Das gelingt am leichtesten in
entspanntem Zustand, etwa bei einer Meditation oder einem Spaziergang in der Natur.

Viele Menschen glauben, dass Intuition nur spontan greift, dem ist jedoch nicht so. Zwar kommt es bei manchen Sachverhalten auf Schnelligkeit an, auf den ersten Impuls, in anderen Fällen braucht eine Haltung Zeit, um zu reifen. Wer überwiegend spontan handelt, setzt eher auf seinen Instinkt statt auf seine Intuition. Beides ist jedoch nicht miteinander gleichzusetzen, denn der Instinkt ist eine genetische Programmierung, die auf natürliche Weise unser Überleben steuert. Hingegen leitet sich die Intuition von unseren individuellen momentanen Bedürfnissen ab.

Am besten lässt sich das intuitive Potenzial mit einem Eisberg vergleichen. Das, was aus dem Wasser ragt, ist im Vergleich zu dem, was sich unter der Wasserlinie befindet, nur ein kleiner Teil. Und so ist unser intuitives Potenzial weitaus größer, als wir glauben. Wie verkopft wir teilweise sind, wird dadurch deutlich, dass es vielen Menschen schwerfällt, tief in den Bauch zu atmen, um Kontakt mit dem eigenen Gefühl herzustellen. Eine tiefe Bauchatmung aktiviert das Bauchhirn, nicht zuletzt dadurch, dass wir physiologisch gesehen in den Entspannungsmodus gehen. Ein entspannter körperlicher und geistiger Zustand löst im Organismus den Impuls aus, Prozesse miteinander in Einklang zu bringen.

ÜBUNG Tiefe und bewusste Bauchatmung

Nehmen Sie eine aufrechte bequeme Haltung ein. Legen Sie eine oder beide Hände übereinander locker auf Ihre Bauchdecke. Atmen Sie durch Ihre Nase bewusst ein und aus. Atmen Sie langsamer aus, und beobachten Sie, wie das nächste Einatmen dadurch tiefer wird. Versuchen Sie, den Atem in Ihre Hände zu lenken. Nehmen Sie dabei wahr, wie sich beim Einatmen die Bauchdecke nach vorne und zur Seite weitet und beim Ausatmen wieder sanft zurückzieht. Atmen Sie dabei in Ihrem persönlichen Maß, das den natürlichen Vorgang zu keinem Zeitpunkt zu einer Anstrengung werden lässt.

Wer glaubt, Frauen und Männer unterschieden sich in der Intuition, liegt falsch. Der vermeintliche Unterschied liegt darin begründet, dass Mädchen anders erzogen werden, andere Rollenbilder haben und auch „weich" sein dürfen. Sie hören mehr auf ihr Gefühl und sind daher deutlich näher an ihrer intuitiven Wahrnehmung. Jungen hingegen wird noch immer beigebracht, Gefühle seien unmännlich. Sie lernen, rationaler zu denken und aufgrund einer Pro- und Kontra-Abwägung Bilanz zu ziehen. Dabei bin ich der festen Überzeugung, dass der Kopf denkt, der Bauch fühlt und das Herz resümiert. Bringen wir alle drei Partner miteinander in Einklang, wird schnell deutlich, dass diese innere Kooperation der Schlüssel zur Erfüllung unserer Bedürfnisse ist.

Tagträume und Visionen

Wie wichtig die Präsenz im Hier und Jetzt ist, haben wir bereits besprochen, doch ab und zu dürfen wir auch träumen und Visionen entwickeln. Bei Tagträumen tauchen wir mit offenen Augen nach innen ab, ohne den Kontakt zur realen Welt zu verlieren. Wir erhalten Hinweise auf das, was uns innerlich beschäftigt, was uns fehlt oder was verwirklicht werden möchte. Wenn wir ehrlich zu uns sind, lassen sich die meisten Botschaften recht einfach entschlüsseln, ohne gleich tiefenpsychologisch analysiert werden zu müssen. Tagträume sind ein wichtiges Instrument emotionaler Selbstregulierung. Sie verschaffen uns Trost, Hoffnung, Sicherheit oder Genuss und weisen häufig auf verborgene Wünsche und Sehnsüchte hin. Wir sollten sie wahrnehmen, denn oft sind es Bilder unseres Unterbewusstseins, die – sofern sie erkannt und adäquat verarbeitet werden – zu unserer Weiterentwicklung beitragen können. Andererseits können es auch Visionen sein, die unseren Erfolg stützen und uns erlauben, den ersten Schritt in Richtung der Veränderung zu wagen. Viele großartige Dinge begannen mit einer Vision. Haben Sie also Mut zum Träumen!

ÜBUNG   Vision entwickeln

Eine Vision ist ein intensiver Gedanke, der in den meisten Fällen eine
Wirkung nach sich zieht. Um zu erfahren, wo Sie hinwollen und wie der
Weg dorthin ausschaut, bringen Sie sich bewusst in einen intuitiven
Zustand. Entspannen Sie sich z. B. mithilfe der Techniken aus Kapitel 2
und verbinden Sie sich durch eine tiefe Bauchatmung mit Ihrer intuitiven
Quelle. Es ist sinnvoll, sich zuvor einen Notizblock und einen Stift bereit-
zulegen, damit Sie Ihre Vision auch aufschreiben können.

Schließen Sie entspannt Ihre Augen, und überlegen Sie nun, wo Sie z. B.
in einem Jahr stehen möchten – im Beruf, in Ihrer Beziehung, gesund-
heitlich, spirituell ... Wählen Sie zunächst einen Bereich aus, auf den Sie
sich konzentrieren.

Beobachten Sie achtsam, welche Impulse sich zeigen – Bilder, Gefühle,
Worte ... Versuchen Sie nichts zu erzwingen und erwarten Sie nicht sofort
ein fertiges Produkt. Lassen Sie sich Zeit, so werden Sie Stück für Stück
Ihrer Vision näherkommen. Auf diese Weise lassen sich auch Ziele, die
bis dahin vielleicht noch unklar waren, auf ihre tatsächliche Dringlichkeit
prüfen und konkretisieren.

Falls Widerstände auftauchen, nehmen Sie auch diese zur Kenntnis.
Hürden und Stolpersteine gehören dazu. Schreiben Sie auch diese am
Ende Ihrer Visionsübung auf, versehen Sie das Ergebnis mit dem Tages-
datum, und führen Sie die Übung bei Bedarf in absehbarer Zeit fort, bis
sich ein klares Gesamtbild abzeichnet, mit dem Sie sich zufrieden auf
den Weg machen können.

Intuition in der Führungsposition nutzen

Kennen Sie das Gefühl, sich zwischen zwei Optionen entscheiden zu müssen, von denen eine sich definitiv nicht gut anfühlt, ohne dass Sie dafür einen triftigen Grund nennen können? Nachdem, was Sie bis jetzt gelesen haben, wäre das für Sie vermutlich kein Problem mehr. Müssten Sie die Entscheidung vor Ihren Kollegen bekannt geben und begründen, sähe das wahrscheinlich etwas anders aus. Vielleicht würden Sie einen Grund vorschieben oder sich der Meinung der Mehrheit anschließen, um im Fall des Scheiterns nicht der allein Schuldige zu sein. Dabei findet Intuition inzwischen auch in der Wirtschaft immer mehr Akzeptanz. Und das ist auch gut so. In Zukunft werden wir sie noch wesentlich mehr in Anspruch nehmen müssen, denn schon jetzt reicht bei komplexen Fragestellungen die fachliche Kompetenz längst nicht mehr aus. Es bedarf einer ganzheitlichen und systemischen Herangehensweise. Je mehr Optionen zur Auswahl stehen oder Meinungen im Gremium vorhanden sind, desto wichtiger wird der innere Kompass. Daher gilt für Menschen mit besonderer Verantwortung, die analytische Herangehensweise an ein Problem oder eine Entscheidung durch eine angemessene Dosis Bauchgefühl zu ergänzen. Das funktioniert nicht nur auf Führungsebene hervorragend, sondern setzt viel allgemeiner die Komplexität des Alltags herab. Denn mithilfe der Intuition verfügen Sie über gleich zwei Kontrollinstanzen, auf die Sie sich verlassen können – den Kopf und den Bauch.

Um im Leben erfolgreich sein zu können, brauchen Sie Ziele. Darüber hinaus brauchen Sie Willensstärke, um die Ziele gegebenenfalls auch gegen den Widerstand anderer zu verwirklichen. Schöpfen Sie dabei ruhig Ihr Machtpotenzial aus, aber ohne Ihre Position zum Nachteil anderer zu missbrauchen. Dabei hilft Humor, denn der dient der eigenen Psychohygiene. So manches geht uns leichter von der Hand, wenn wir humorvoll kommunizieren und bereit sind, auch über uns selbst zu lachen. Falls Sie in Erwägung ziehen, einen Lachklub zu besuchen, kann ich Sie dazu nur ermutigen. Stellen Sie sich auch eine persönliche humoristische Trickkiste zusammen, damit Sie immer etwas für Krisenzeiten haben, in denen sich das Lachen nicht einstellen will. So bauen Sie Humor stetig zu einer Ressource aus, die gerade in belastenden Situationen gut verfügbar ist und Ihre Stimmung wieder heben kann. Erweitern Sie Ihr intuitives Potenzial, indem Sie zunächst bei banalen Entscheidungen sowohl Ihr Kopfhirn als auch Ihr Bauchhirn zu Wort kommen lassen. Speichern Sie das Gefühl einer stimmigen Entscheidung ab und gleichen Sie es regelmäßig mit anderen Beschlüssen ab. Erlauben Sie sich Tagträume, um mehr über Ihre eigenen Bedürfnisse zu erfahren, Visionen zu entwickeln oder Ziele zu konkretisieren. Auf diese Weise werden Sie nicht nur erfolgreich Ihre Wünsche umsetzen, sondern sind auch gegen die steigende Komplexität des (Berufs-)Alltags gut gerüstet.

Anhang

MindCu®, Do-it-yourself-Anleitung

Achtsamkeitswürfel

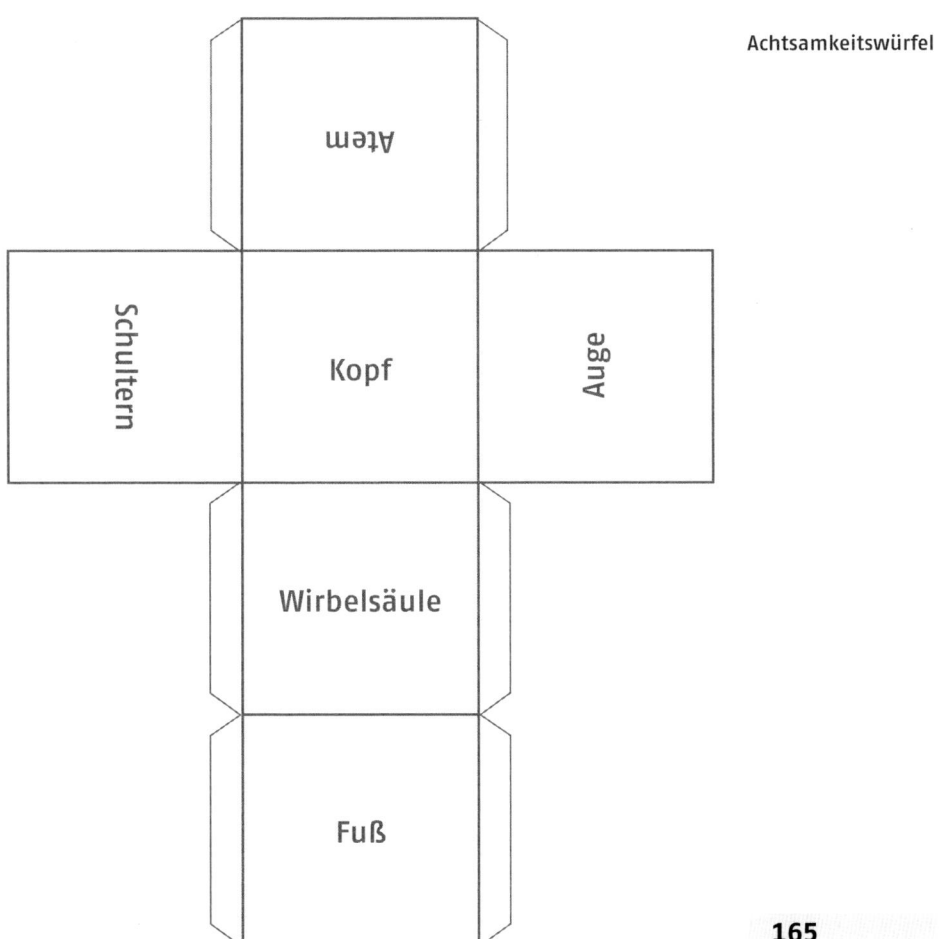

Meine Zeitanatomie

So tickt meine innere Uhr unabhängig von äußeren Einflüssen.

6:00 Uhr / 6:30 Uhr _____

7:00 Uhr / 7:30 Uhr _____

8:00 Uhr /8:30 Uhr _____

9:00 Uhr / 9:30 Uhr _____

10:00 Uhr / 10:30 Uhr _____

11:00 Uhr / 11:30 Uhr _____

12:00 Uhr / 12:30 Uhr _____

13:00 Uhr / 13:30 Uhr _____

14:00 Uhr / 14:30 Uhr _____

15:00 Uhr / 15:30 Uhr _____

16:00 Uhr / 16:30 Uhr _____

17:00 Uhr / 17:30 Uhr _____

18:00 Uhr / 18:30 Uhr _____

19:00 Uhr / 19:30 Uhr _____

20:00 Uhr / 20:30 Uhr _____

21:00 Uhr / 21:30 Uhr _____

22:00 Uhr / 22:30 Uhr _____

23:00 Uhr / 23:30 Uhr _____

Literatur

Hier finden Sie Empfehlungen, um bestimmte Themen, die ich im Buch aufgegriffen habe, zu vertiefen:

AOK Rheinland/Hamburg: *vigo Spezial*, Ausgabe 14, wdv, Gesellschaft für Medien und Kommunikation mbH & Co. OHG, Bad Homburg, 2017

Benson, Herbert; William Morrow: *The Relaxation Response*. New York 2000

Blickhan, Danilea: *Positive Psychologie*. Paderborn: Junfermann Verlag, 2015

Brown, Brené: *Verletzlichkeit macht stark*. München: Kailash Verlag, 2013

Chopik, W. J.; O'Brien E.: „*Happy you, healthy me? Having a happy partner is independently associated with better health in oneself*", Health Psychology, 2016

Conway, Sadie H., et al. (2017): *The Identification of a Threshold og Long Work Hours for Predicting Elevated Risk of Adverse Health Outcomes*. In: American Journal of Epidemiology, Volume 186, Issue 2, 173–183

Covey, Stephen R.: *Die 7 Wege zur Effektivität. Prinzipien für persönlichen und beruflichen Erfolg*. Offenbach: GABAL Verlag, 2016

Dahlke, Ruediger: *Krankheit als Symbol*. München: C. Bertelsmann Verlag, 2014

Dobos, Gustav; Paul, Anna (Hrsg.): *Mind-Body-Medizin*. München: Urban & Fischer Verlag, 2011

Drath, Karsten: *Neuroleadership*. Freiburg: Haufe Verlag, 2015

Hänsel, Markus (Hrsg.): *Die spirituelle Dimension in Coaching und Beratung*. Göttingen: Vandenhoeck und Ruprecht Verlag, 2012

Horx, Matthias: *Megatrend Achtsamkeit*, siehe: https://www.horx.com/archiv/schluesseltexte-der-letzten-jahre/megatrend-achtsamkeit/ (abgerufen am 6.06.2018)

Hüter-Becker, Anna; Dölken, Mechthild: *Prävention*. Stuttgart: Thieme Verlag, 2008

Kabat-Zinn, Jon: *Gesund durch Meditation*. München: Knaur Verlag, 2013

Kabat-Zinn, Jon: *Moment by Moment*, Ausgabe 1, März 2017, siehe: http://www.moment-by-moment.de/fileadmin/newsletter/Newsletter-2016-12.pdf

Liebscher-Bracht, Roland; Bracht, Petra: *Die Arthrose-Lüge*. München: Goldmann Verlag, 2017

Lyubomirsky, Sonja: *Glücklich sein: Warum Sie es in der Hand haben, zufrieden zu leben*. Frankfurt am Main: Campus Verlag 2018

Mayer, Emeran: *Das zweite Gehirn*. München: riva Verlag, 2016

Mehta, Neil; Myrskyla, Mikko: *The Population Health Benefits Of A Healthy Lifestyle: Life Expectancy Increased And Onset Of Disability Delayed* 2017

Mittelmark, Maurice B.; Sagy, Shifra; Eriksson, Monica; Bauer, Georg F.; Pelikan, Jürgen M.; Lindström, Bengt; Espnes, Geir Arild (Hrsg.): *The Handbook of Salutogenesis.* Heidelberg: Springer Verlag, 2017

Moore, Steven C., siehe http://jametwork.com/journals/jamainternalmedicine/fullarticle/2521816

Neff, Kristin: *Selbstmitgefühl.* Freiburg: Arbor Verlag, 2017

Petzold, Theodor Dierk: *Gesundheit ist ansteckend. Praxisbuch Salutogenese.* München: Irisiana Verlag, 2013

Pohl, Monika A.: *30 Minuten Business-Meditation.* Offenbach: GABAL Verlag, 2013

Pohl, Monika A.: *30 Minuten Gelassenheit.* Offenbach: GABAL Verlag, 2014

Pohl, Monika A.: *Selbstbestimmung. Raus aus der Fremdbestimmung, rein in ein selbstbestimmtes Leben – ein Erfolgstraining.* Offenbach: GABAL Verlag, 2016

Pohl, Monika A.: *30 Minuten Intuition.* Offenbach: GABAL Verlag, 2017

Pohl, Monika A.: *Zweisamkeit – Achtsam und verbunden als Paar.* Stuttgart: TRIAS Verlag, 2018

Singer, Tania; Bolz, Matthias (Hrsg.): *Mitgefühl in Alltag und Forschung.* München: Max-Planck-Gesellschaft, 2013

World Cancer Research Fund (WCRF), siehe http://www.wcrf.org

WHO: Sugar intake for adults and children, 2015, siehe http://
www.who.int/nutrition/publications/guidelines/sugars_intake/
en/ (30.05.2018)

WHO, siehe http://www.who.int

Verbände im Internet:

Aktion Gesunder Rücken e. V. (AGR), siehe www.agr-ev.de

Bundesvereinigung für Prävention und Gesundheitsförderung
e. V. (BVPG), siehe http://www.bvpraevention.de

Deutsche Gesellschaft für Ernährung e. V. (DGE),
siehe www.dge.de

Deutsche Krebsgesellschaft, siehe www.krebsgesellschaft.de

Stiftung Deutsche Krebshilfe, siehe www.krebshilfe.de

Stichwortverzeichnis

Die Autorin

Monika Alicja Pohl ist Expertin auf dem Gebiet der Selbstfürsorge und vermittelt Strategien und Kompetenzen zur Förderung ganzheitlicher Gesundheit. Sie ist Gründerin der Physioyoga Akademie, Heilpraktikerin für Physio- und Psychotherapie und erfolgreiche Autorin zahlreicher Ratgeber zum Thema Persönlichkeit und Lebenshilfe.

Ihre Überzeugung: Nur wer gut für sich selbst sorgt, kann sein Bestes geben!

Als Fachwirtin für Prävention und Gesundheitsförderung (IHK) bietet sie Inhouse-Schulungen und Coachings auf Führungs- und Mitarbeiterebene an. Ihr Hauptanliegen ist es, in der Unternehmenskultur ein Bewusstsein für mehr Achtsamkeit, Empathie und Wertschätzung anzubahnen und Menschen entsprechend ihren Bedürfnissen und den Herausforderungen der heutigen Zeit zu mehr Selbstfürsorge zu ermutigen.

Weitere Informationen unter:
www.lebensstil-gesundheit.de
www.physioyoga.com

Bei uns treffen Sie Entscheider, Macher ... Persönlichkeiten, die nach vorne wollen

Seit 40 Jahren bildet der GABAL e.V. ein Netzwerk für Menschen, die sich mit Persönlichkeitsentwicklung, Weiterbildung und Führungskompetenz befassen.

„Austausch, Praxisnähe, Inspiration und Professionalität – dafür ist GABAL e.V. mit seinen Angeboten ein Garant."
(Anna Nguyen, Lecturer Universität zu Köln)

Drei gute Gründe, warum sich rund 800 Mitglieder für GABAL entschieden haben und warum auch Sie dabei sein sollten:

1. Neue Impulse, Ideen und Strategien auf regionalen und nationalen Veranstaltungen mit White Papers, Webinaren, Newsletter und Printmagazinen.

2. Sie treffen sowohl Trainer, Berater und Coaches als auch Führungskräfte und Entscheider.

3. Sie erhalten viele wertvolle Vorteile, wie das Fachmagazin wirtschaft+weiterbildung, jährlich einen Buchgutschein im Wert von 40 € und vieles mehr ...

GABAL e.V.
Budenheimer Weg 67
D-55262 Heidesheim
Fon: 0 61 32 / 509 50 90
info@gabal.de

**Neugierig geworden?
Besuchen Sie uns auf
www.gabal.de**